21世纪高等学校规划教材｜计算机科学与技术

嵌入式系统与
单片机实践教程

王粉花 主编

王志良 付洪威 姚红串 金波 编著

清华大学出版社

北京

内 容 简 介

本书是《嵌入式系统与单片机基础教程》(王粉花主编,清华大学出版社出版)的同步配套实验教材。内容上,分为单片机和 ARM 嵌入式系统两部分。单片机部分,首先从 8 位 PIC16F877A 单片机的基本功能模块入手,设计一些简单应用实验,在此基础上,详细设计了单片机测温系统、电子密码锁、超声波测距系统及声音定位系统等综合应用实验。旨在使学生循序渐进地掌握单片机的硬件结构、各功能模块的应用设计以及单片机系统的开发过程。ARM 嵌入式系统部分,涉及基于 ARM 嵌入式系统的输入输出接口应用原理、中断控制原理及在嵌入式系统下编写应用程序的方法等。旨在使学生了解嵌入式微处理器基本原理,学会嵌入式系统接口设计与 Linux 编程开发等基本技能。本书涉及的实验与配套教材内容同步,有助于提高单片机和 ARM 嵌入式系统的实际应用能力。

本书可与《嵌入式系统与单片机基础教程》配套使用,也可供高等学校相关专业学生、教师和从事嵌入式系统的设计开发人员参考。

图书在版编目(CIP)数据

嵌入式系统与单片机实践教程/王粉花主编.—北京:清华大学出版社,2011.2
(21 世纪高等学校规划教材·计算机科学与技术)
ISBN 978-7-302-24354-0

Ⅰ. ①嵌… Ⅱ. ①王… Ⅲ. ①单片微型计算机－系统设计－高等学校－教材
Ⅳ. TP368.1

中国版本图书馆 CIP 数据核字(2010)第 257530 号

责任编辑:梁 颖 李玮琪
责任校对:焦丽丽
责任印制:李红英

出版发行:	清华大学出版社	地 址:	北京清华大学学研大厦 A 座
	http://www.tup.com.cn	邮 编:	100084
社 总 机:	010-62770175	邮 购:	010-62786544
投稿与读者服务:	010-62795954,jsjjc@tup.tsinghua.edu.cn		
质 量 反 馈:	010-62772015,zhiliang@tup.tsinghua.edu.cn		

印 装 者:北京密云胶印厂
经 销:全国新华书店
开 本:185×260 印 张:10.25 字 数:241 千字
版 次:2011 年 2 月第 1 版 印 次:2011 年 2 月第 1 次印刷
印 数:1~4000
定 价:18.00 元

产品编号:029006-01

编审委员会成员

出 版 说 明

随着我国改革开放的进一步深化,高等教育也得到了快速发展,各地高校紧密结合地方经济建设发展需要,科学运用市场调节机制,加大了使用信息科学等现代科学技术提升、改造传统学科专业的投入力度,通过教育改革合理调整和配置了教育资源,优化了传统学科专业,积极为地方经济建设输送人才,为我国经济社会的快速、健康和可持续发展以及高等教育自身的改革发展做出了巨大贡献。但是,高等教育质量还需要进一步提高以适应经济社会发展的需要,不少高校的专业设置和结构不尽合理,教师队伍整体素质亟待提高,人才培养模式、教学内容和方法需要进一步转变,学生的实践能力和创新精神亟待加强。

教育部一直十分重视高等教育质量工作。2007 年 1 月,教育部下发了《关于实施高等学校本科教学质量与教学改革工程的意见》,计划实施"高等学校本科教学质量与教学改革工程(简称'质量工程')",通过专业结构调整、课程教材建设、实践教学改革、教学团队建设等多项内容,进一步深化高等学校教学改革,提高人才培养的能力和水平,更好地满足经济社会发展对高素质人才的需要。在贯彻和落实教育部"质量工程"的过程中,各地高校发挥师资力量强、办学经验丰富、教学资源充裕等优势,对其特色专业及特色课程(群)加以规划、整理和总结,更新教学内容、改革课程体系,建设了一大批内容新、体系新、方法新、手段新的特色课程。在此基础上,经教育部相关教学指导委员会专家的指导和建议,清华大学出版社在多个领域精选各高校的特色课程,分别规划出版系列教材,以配合"质量工程"的实施,满足各高校教学质量和教学改革的需要。

为了深入贯彻落实教育部《关于加强高等学校本科教学工作,提高教学质量的若干意见》精神,紧密配合教育部已经启动的"高等学校教学质量与教学改革工程精品课程建设工作",在有关专家、教授的倡议和有关部门的大力支持下,我们组织并成立了"清华大学出版社教材编审委员会"(以下简称"编委会"),旨在配合教育部制定精品课程教材的出版规划,讨论并实施精品课程教材的编写与出版工作。"编委会"成员皆来自全国各类高等学校教学与科研第一线的骨干教师,其中许多教师为各校相关院、系主管教学的院长或系主任。

按照教育部的要求,"编委会"一致认为,精品课程的建设工作从开始就要坚持高标准、严要求,处于一个比较高的起点上;精品课程教材应该能够反映各高校教学改革与课程建设的需要,要有特色风格、有创新性(新体系、新内容、新手段、新思路,教材的内容体系有较高的科学创新、技术创新和理念创新的含量)、先进性(对原有的学科体系有实质性的改革和发展,顺应并符合 21 世纪教学发展的规律,代表并引领课程发展的趋势和方向)、示范性(教材所体现的课程体系具有较广泛的辐射性和示范性)和一定的前瞻性。教材由个人申报或各校推荐(通过所在高校的"编委会"成员推荐),经"编委会"认真评审,最后由清华大学出版社审定出版。

目前,针对计算机类和电子信息类相关专业成立了两个"编委会",即"清华大学出版社计算机教材编审委员会"和"清华大学出版社电子信息教材编审委员会"。推出的特色精品教材包括:

(1) 21 世纪高等学校规划教材·计算机应用——高等学校各类专业,特别是非计算机专业的计算机应用类教材。

(2) 21 世纪高等学校规划教材·计算机科学与技术——高等学校计算机相关专业的教材。

(3) 21 世纪高等学校规划教材·电子信息——高等学校电子信息相关专业的教材。

(4) 21 世纪高等学校规划教材·软件工程——高等学校软件工程相关专业的教材。

(5) 21 世纪高等学校规划教材·信息管理与信息系统。

(6) 21 世纪高等学校规划教材·财经管理与计算机应用。

(7) 21 世纪高等学校规划教材·电子商务。

清华大学出版社经过二十多年的努力,在教材尤其是计算机和电子信息类专业教材出版方面树立了权威品牌,为我国的高等教育事业做出了重要贡献。清华版教材形成了技术准确、内容严谨的独特风格,这种风格将延续并反映在特色精品教材的建设中。

清华大学出版社教材编审委员会

联系人:魏江江

E-mail:weijj@tup.tsinghua.edu.cn

前　言

　　本书是新编《嵌入式系统与单片机基础教程》的配套教材,内容编排上理论联系实际,结合课堂教学,并从简单到复杂分为 3 个层次,即基本要求层次、高级要求层次及创新要求层次。内容全部为实际动手实验项目,部分内容取材于学生在科技创新项目中的成果,有助于提高学生的实际动手能力,使学生在实践中学习和掌握嵌入式系统及单片机技术。

　　本书涉及的实验项目分为两个部分:第 1 部分(实验 1～实验 14)为单片机部分,主要包括软件编程环境实验、I/O 口输入输出实验、定时器和中断控制实验、A/D 转换实验、CCP模块实验、数码管显示实验、按键控制实验、数字钟实验、LCD 液晶显示实验、单片机测温系统、单片机最小系统实验、电子密码锁、超声波测距系统及声音定位系统。旨在使学生掌握单片机的硬件结构、指令系统、程序设计、接口扩展技术以及单片机系统的开发过程。第 2部分(实验 15～实验 20)为嵌入式系统方面的实验,主要包括嵌入式系统无仿真器程序下载运行实验、基于 ARM 的 I/O 接口实验、基于 ARM 的跑马灯实验、嵌入式系统键盘中断实验、在嵌入式系统下编写应用程序实验及一项综合设计实验。旨在使学生了解嵌入式系统的基本概念和原理、嵌入式微处理器、嵌入式操作系统;了解嵌入式系统的基本设计思想和原则,学会嵌入式系统接口设计与 Linux 驱动程序开发等基本技能。

　　本书由王粉花主编,王志良、付洪威、姚红串、金波参编。全书由王粉花制定主要内容、章节划分并统稿。实验 1 由王粉花编写完成、实验 2～实验 5 由王志良、金波、付洪威编写完成,实验 6～实验 14 由王粉花、姚红串编写完成,实验 15～实验 20 由王粉花、付洪威编写完成。本书实验 10～实验 14 内容取材于学生在科技创新项目中的成果,按照书中的指导,读者可以自己学习、动手设计和完成各个系统,从而逐步掌握单片机应用系统的设计开发技术与方法,这是本书的特色所在。

　　本书的出版得到了清华大学出版社的大力支持,在此表示诚挚的谢意。

　　由于作者水平有限,书中难免存在不足之处,敬请读者批评指正。作者的电子信箱E-mail：w_fh_2001@sina.com。

王粉花　于北京科技大学

2010 年 10 月

目 录

MPLAB IDE软件编程环境实验

1.1 实验目的

(1) 学会安装 MPLAB IDE 集成开发环境。
(2) 学会在 MPLAB IDE 环境下使用 Project Wizard 新建工程。
(3) 学会在 MPLAB IDE 中对源文件进行编译。

1.2 实验内容

(1) 安装 MPLAB IDE 集成开发环境。
(2) 在 MPLAB IDE 环境下创建一个工程。

1.3 实验所用仪表及设备

(1) 硬件：PC 一台。
(2) 软件：MPLAB IDE 集成开发软件。

1.4 实验原理

MPLAB IDE 是 Microchip 公司专门为 PIC 系列微控制器提供的基于 Windows 的集成开发环境应用软件包。用户利用 MPLAB IDE 可以编写、汇编或者编译源代码、调试及优化源代码。MPLAB IDE 支持 MPLAB ICD 2 硬件在线调试器、MPLAB ICE 和 PICMASTER 仿真器以及 PICSTART Plus、PRO MATE Ⅱ 烧写器，另外还支持其他的 Microchip 和第三方开发工具。

运行 MPLAB IDE 所需的最低系统配置如下：

- PC 兼容的奔腾(Pentium®)级系统。
- 操作系统：Microsoft Windows 98SE、Windows 2000 SP2、Windows NT® SP6、Windows ME 或 Windows XP。
- 64MB 内存(推荐 128MB)。

- 45MB 硬盘空间。
- Internet Explorer 5.0 或更高版本。

1.5　实验步骤

1.5.1　MPLAB IDE 集成开发环境的安装

以 MPLAB IDE v7.50 版为例。

双击 MPLAB v7.50 Install.exe 安装文件,程序会自动运行。安装步骤分别如图 1-1~图 1-9 所示。安装完毕后,会在桌面上自动生成一个快捷方式启动图标,如图 1-10 所示,当需要运行 MPLAB IDE 集成开发环境时,双击该图标即可。

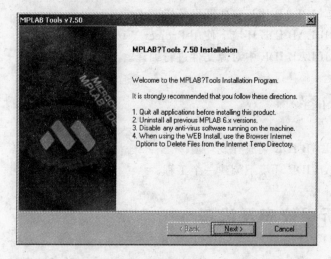

图 1-1　欢迎安装

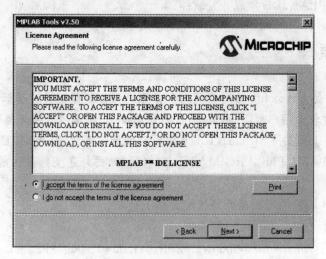

图 1-2　许可协议

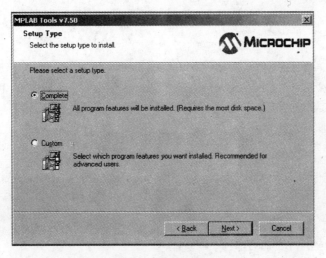

图 1-3 选择安装类型

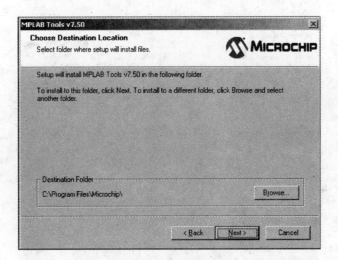

图 1-4 选择安装文件夹

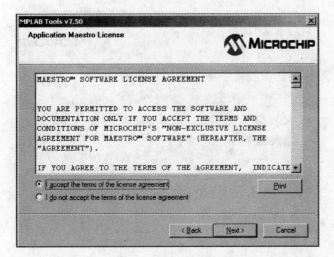

图 1-5 应用许可证

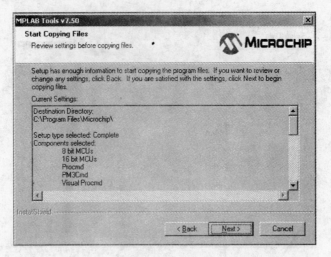

图 1-6　检查设置

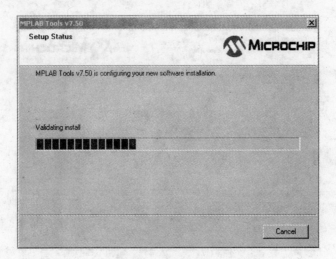

图 1-7　验证安装

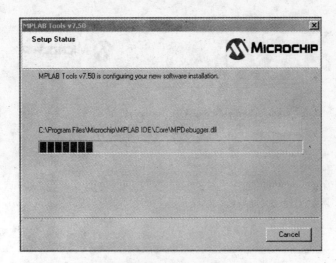

图 1-8　复制文件

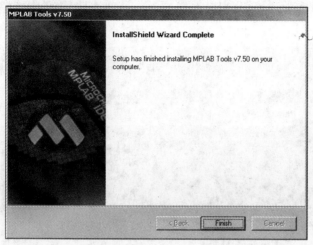

图 1-9　安装完毕

图 1-10　启动图标

1.5.2　在 MPLAB IDE 环境下创建工程

1. MPLAB IDE 集成开发环境介绍

双击图 1-10 所示的快捷方式启动图标，启动 MPLAB IDE 集成开发环境，弹出如图 1-11 所示的工作界面。

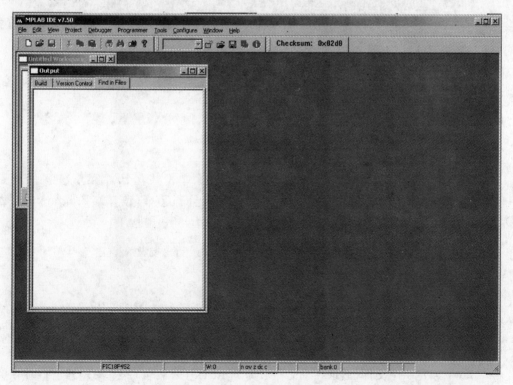

图 1-11　MPLAB IDE 的工作界面

MPLAB IDE 工作界面包括 5 个部分,分别是标题栏、菜单栏、工具栏、工作区和状态栏,如图 1-12 所示。

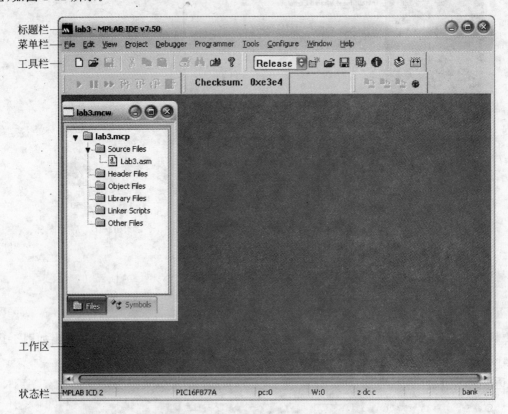

图 1-12　MPLAB IDE 工作界面的组成

(1) 标题栏:如图 1-13 所示,用来显示工程文件名称。

图 1-13　标题栏

(2) 菜单栏:如图 1-14 所示,MPLAB IDE v7.50 菜单栏共有 10 个菜单选项,分别是 File(文件)、Edit(编辑)、View(查看)、Project(工程)、Debugger(调试)、Programmer(程序)、Tools(工具)、Configure(配置)、Window(窗口)及 Help(帮助)。

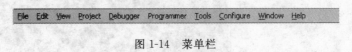

图 1-14　菜单栏

① File 菜单

File 菜单主要完成对文件的各种操作。打开 File 菜单,会出现一个下拉菜单,该下拉菜单又包括 17 个命令选项,如图 1-15 所示。

- New:新建一个文件,显示一个文件名为 Untitled(未命名)的空编辑器窗口。在关闭窗口时,将提示用户为文件命名。

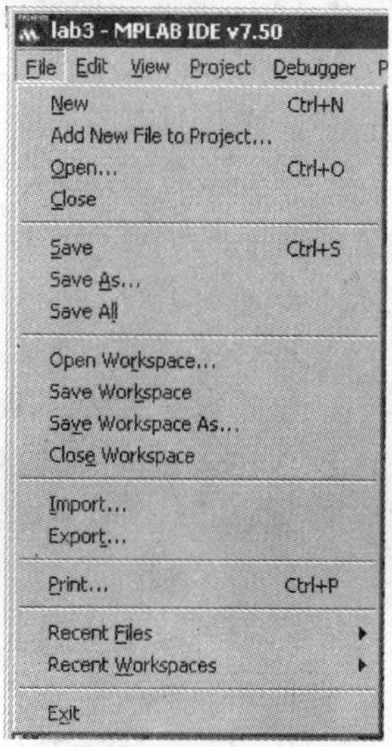

- Add New File to Project：向工程添加一个已有的文件。
- Open：打开一个已有的源文件。
- Close：关闭当前的编辑器窗口。如果文件自上一次保存之后已经被更改，会提示用户保存更改。
- Save：保存文件。
- Save As：打开带有 Encoding（编码）下拉列表框的 Save As 命令，在 Encoding 列表框中选择文件编码的类型。该命令允许将当前的编辑器窗口保存到磁盘中一个新的文件名下。
- Save All：将所有打开的编辑器窗口保存。
- Open Workspace：打开一个工程，在打开一个新的工程之前关闭前面的工程。
- Save Workspace：保存当前的工程。可以通过在 Configure→Settings 中的 Workspace（工作区）标签下设置相关项，以便在关闭时自动保存工作区。

图 1-15　File 选项下拉菜单

- Save Workspace As：打开"另存为"对话框，允许在保存当前的工作区之前对它进行重命名或重定位。
- Close Workspace：关闭当前工程。
- Import：将调试文件或 hex 文件导入到 MPLAB IDE 工程。
- Export：从 MPLAB IDE 工程导出 hex 文件。
- Print：打印当前的编辑器窗口，打开"打印"对话框，可在此设置打印机和打印选项。
- Recent Files：显示在当前的 MPLAB IDE 会话过程中打开过的文件的列表。可在 Configure→Settings 中的 Workspace 标签下设置所显示的文件数。

- Recent Workspaces：显示在当前的 MPLAB IDE 会话过程中打开过的工程的列表。可在 Configure→Settings 中的 Workspace 标签下设置所显示的工作区数。
- Exit：退出 MPLAB IDE 集成开发环境。

② Edit 菜单

Edit 菜单主要实现编辑文件的各项功能。打开 Edit 菜单，会弹出如图 1-16 所示的下拉菜单，该下拉菜单包括 15 个命令选项。

- Undo：撤销对当前窗口所进行的上一次更改。当没有编辑操作可撤销时，此菜单命令为灰色，且不能选择。
- Redo：恢复上一次 Undo 操作对当前窗口所进行的更改。当没有编辑操作可恢复时，此菜单命令为灰色，且不能选择。

图 1-16　Edit 选项下拉菜单

- Cut：删除当前窗口中所选定的文本，并将它放在剪贴板上。在这个操作之后，可将所删除的文本粘贴到另一个 MPLAB 编辑器窗口、同一 MPLAB 编辑器窗口中的另一个位置或另一个 Windows 应用程序中。
- Copy：将当前窗口中选定的文本复制到剪贴板上。在这个操作之后，可将所复制的文本粘贴到另一个 MPLAB 编辑器窗口、同一 MPLAB 编辑器窗口中的另一个位置或另一个 Windows 应用程序中。
- Paste：将剪贴板上的内容粘贴到当前窗口的光标处。MPLAB 编辑器只支持文本格式数据的粘贴，而不支持位图粘贴或其他剪贴板格式。
- Delete：删除选定的文本。
- Select All：选择 Edit 窗口中的所有文本和图形。
- Find：查找。
- Find Next：查找下一处。
- Find in Files：在文件中查找。
- Replace：替换。
- Go To：光标转到编辑器窗口中指定的文本行。
- Advanced：高级编辑功能。包括使选定的文本全部变为大写、小写、将文本或常规代码注释掉或缩进文本、不缩进文本。除此之外还有一个 Match（匹配）功能。该功能可转到与光标处的括号相匹配的括号处。该功能适用于大括号、圆括号、尖括号和方括号的匹配查找。
- Bookmarks：使用书签进行工作。切换书签（交替的启用/禁止书签）、转到下一个或上一个书签或者禁止所有书签。
- Properties：属性。

③ View 菜单

View 菜单主要实现查看功能。打开 View 菜单，会弹出如图 1-17 所示的下拉菜单，该下拉菜单包括 14 个命令选项。

- Project：打开工程窗口，窗口的标题栏包含工程工作区的名称。该窗口本身包含一个列表，显示工程名称和按照文件类型以树形排列的工程文件，如图 1-18 所示。

图 1-17　View 选项下拉菜单

图 1-18　工程窗口

- Output：用来查看有关程序输出的信息。单击 Output 命令，会弹出如图 1-19 所示的窗口。

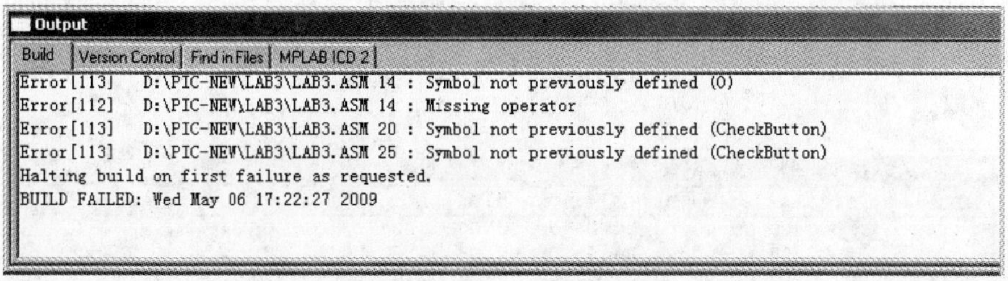

图 1-19　查看输出

- Toolbars：工具栏。
- Disassembly Listing：用来查看反汇编代码。可以在代码中设置断点，代码执行信息以符号的形式显示在窗口左侧的灰色区域中，如图 1-20 所示。

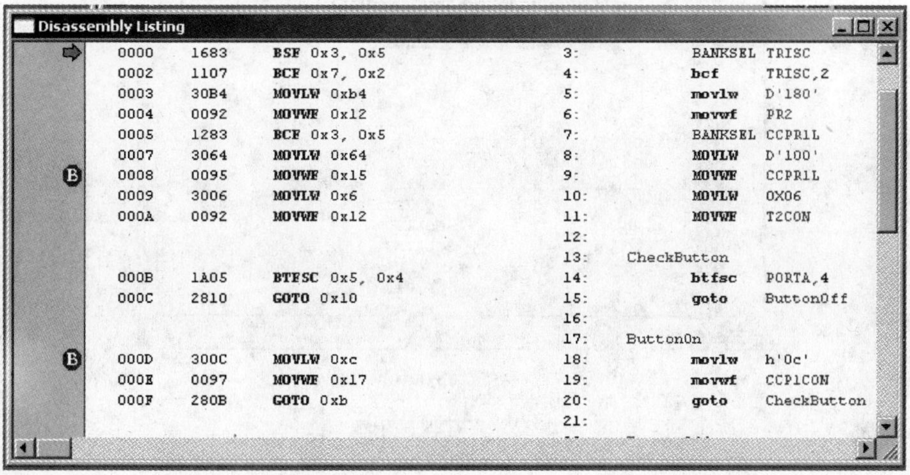

图 1-20　Disassembly Listing 窗口

- EEPROM：查看内存窗口，如图 1-21 所示。该窗口将显示以下数据。
  - Address：下一列中数据的十六进制地址。
  - Data Blocks：十六进制数据。
  - ASCII：数据对应行的 ASCII 表示。

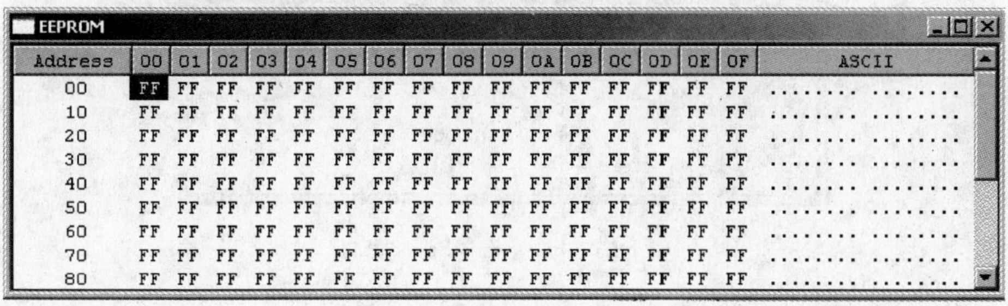

图 1-21　查看内存窗口

- File Registers：查看文件寄存器窗口。该窗口显示选定器件的所有文件寄存器。通过单击文件寄存器窗口底部的两个按钮之一，可以改变该窗口中数据的显示方式。
  - Hex 方式：该方式将文件寄存器信息显示为十六进制数据，如图 1-22(a)所示。
  - Symbolic 方式：该方式用符号显示每个文件寄存器中十六进制和十进制格式的数据，如图 1-22(b)所示。

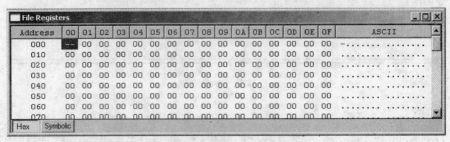

(a) 文件寄存器窗口Hex方式显示

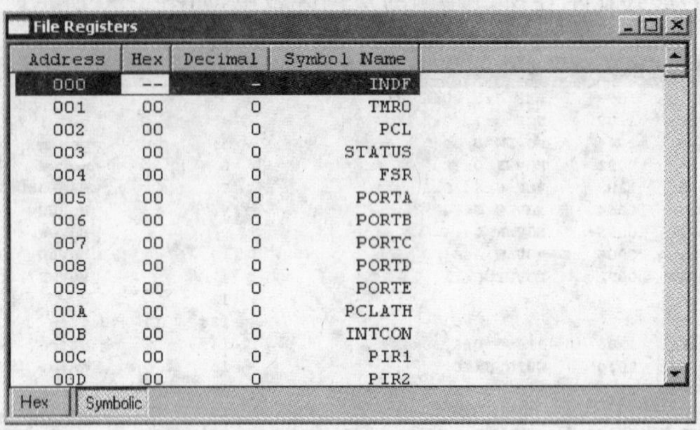

(b) 文件寄存器窗口Symbolic方式显示

图 1-22　寄存器显示窗口

- Hardware Stack：该窗口显示硬件堆栈的内容，如图 1-23 所示。图中 TOS 指示栈顶(Top of Stack，TOS)的指针；Stack Level 指示堆栈的深度，最大的堆栈深度取决于选定的器件；Return Address 指示堆栈中的返回地址；Location 指示有关函数在堆栈中的位置的信息。

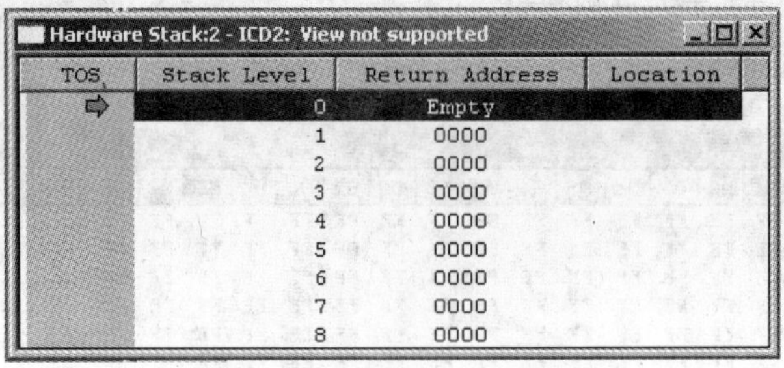

图 1-23　Hardware Stack 窗口

- LCD Pixel：仅对于支持 LCD 输出的器件可用，用户可以查阅相关手册详细了解该项功能，此处不可用。
- Program Memory：查看程序存储器窗口。窗口中操作码的显示方式有 3 种：Opcode Hex（十六进制操作码）、Machine（不带符号信息的反汇编十六进制码）和 Symbolic（带符号的反汇编十六进制码），通过单击程序存储器窗口底部的几个按钮来切换不同的显示方式，如图 1-24(a)、(b)、(c)所示。

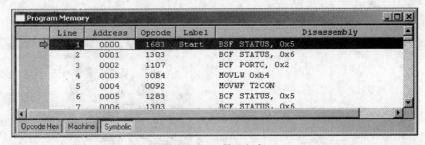

(a) Opcode Hex显示方式

(b) Machine显示方式

(c) Symbolic显示方式

图 1-24　查看程序存储器窗口

- Special Function Registers：查看特殊功能寄存器，如图 1-25 所示。
- Watch：查看特殊功能寄存器（以下简称 SFR）或变量值，利用 Watch 窗口可以在程序运行时随时查看程序中 SFR 或变量的值。在该窗口的不同标签上至多可以设置 4 个不同的观察视图，如图 1-26 所示。其中，Address 列对应 SFR 或变量的 16 位地址；Symbol Name 列对应 SFR 或变量的名称；Value 列对应 SFR 或变量的当前值。

　　需要说明的是，在查看前必须先将待查看的特殊功能寄存器或变量添加到 Watch 窗口中，方法是：选中待查看的特殊功能寄存器后，单击 Add SRF 按钮；选中待查看的变量后，单击 Add Symbol 按钮。

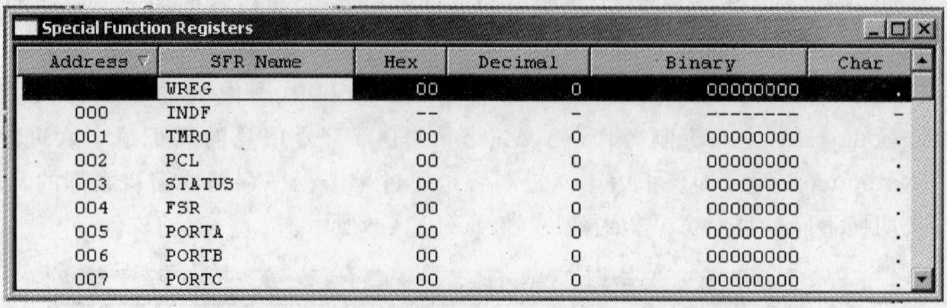

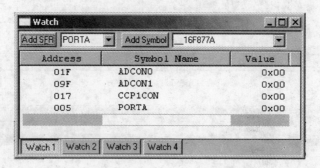

图 1-25　查看特殊功能寄存器窗口

图 1-26　Watch 窗口

- Memory Usage Gauge：查看内存使用率，如图 1-27 所示。

④ Project 菜单

Project 菜单实现与工程相关的各项功能，打开 Project 菜单，会弹出如图 1-28 所示的下拉菜单，该下拉菜单包括 18 个命令选项。

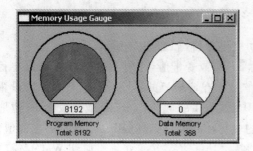

图 1-27　查看内存使用率

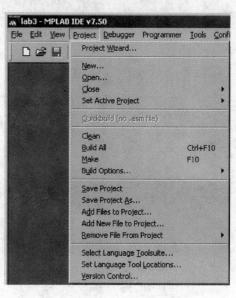

图 1-28　Project 选项下拉菜单

- Project Wizard：工程向导，用来指导新建一个工程，具体介绍见"2. 新建工程"部分。
- New：新建一个工程。
- Open：打开一个已有的工程。
- Close：关闭一个工程。
- Set Active Project：激活一个工程，在工作区中选择一个工程作为活动工程。
- Quickbuild：快速编译。当使用 MPASM 汇编器编译一个单独的汇编文件时，不必创建项目(无链接器)，但必须在 Set Active Project(激活工程)命令下选择 None (Quickbuild Mode)选项，同时，必须在当前文件窗口中打开该汇编文件。
- Clean：清除文件。该命令用来为活动工程删除所有的中间工程文件，诸如目标文件、hex 文件和调试文件。当编译工程时，这些文件可重新创建。
- Build All：编译所有文件。可利用该命令来编译工程。必须在有一个打开的工程时，才会显示此项。在编译后可能会在输出窗口出现 3 种提示信息，分别是 Error (错误)、Warning(警告)和 Message(信息)，若出现 Error 提示，则用户必须修改源程序，直到无错误，否则会显示 BUILD FAILED(汇编失败)信息。
- Make：编译更改过的文件。利用该命令可以仅编译在上次编译后更改过的文件，从而达到编译工程的目的。必须在有一个打开的工程时，才会显示此项。
- Build Options：编译命令。使用该命令可以设置和查看活动工程和单个文件的选项。
- Save Project：保存工程。
- Save Project As：将工程另存，可起一个新的工程名。当工程被保存到一个新目录中时，工程目录中的所有文件和它的子目录都将和新的工程以及工作区文件一起被复制到新目录中。
- Add Files to Project：将源文件添加到当前工程中。MPLAB IDE 将根据文件的类型将文件归类到工程窗口树中正确的类型。
- Add New Files to Project：新编一个源文件添加到当前工程中。
- Remove Files From Project：从工程中删除文件。将文件从当前工程中删除，而不是将文件从目录中删除。
- Select Language Toolsuite：选择语言工具包。使用此命令选择将要在当前工程中使用的语言工具包。查看语言工具的文档以确保它们支持将要使用的器件，如图 1-29 所示。Active Toolsuite 下拉列表框用来选择将要使用的工具包；Toolsuite Contents 文本框用来查看与上面选定的工具包相关的语言工具，如果没有所需的工具，请选择其他工具包。单击一个语言工具可以查看其位置；Location 文本框用来更改路径或文件或输入新的路径，单击 Browse 按钮用来查找在上面的列表框中选定的语言工具的可执行文件。如果工具旁有红色的"×"，表示该工具未安装或者 MPLAB IDE 无法自动获取该工具的路径。
- Set Language Tool Locations：设置语言工具的路径。使用该命令来设置工具包中各个语言工具的可执行文件的路径。
- Version Control：选择版本控制系统。设置工程使用来自版本控制系统(Visual Source Safe)的文件。详细内容请查阅相关手册。

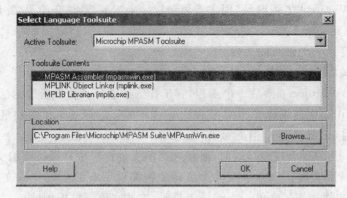

图 1-29　Select Language Toolsuite 对话框

⑤ Debugger 菜单

Debugger 菜单用来选择调试工具或清空存储器等功能,单击 Debugger 菜单,会出现如图 1-30 所示的下拉菜单,该下拉菜单包括两个命令选项。

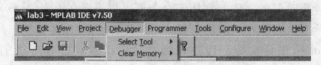

图 1-30　Debugger 选项下拉菜单

• Select Tool:选择调试工具。
• Clear Memory:清空存储器。

Select Tool 命令用来选择一个调试工具。单击 Select Tool 命令,弹出如图 1-31 所示选项。默认为 None,一旦选择了调试工具,比如单击 MPLAB ICD 2,Debugger 菜单就会添加许多命令选项,如图 1-32 所示。添加的命令选项与所选择的调试工具有关。

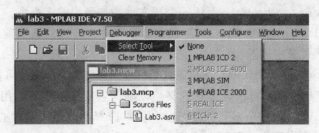

图 1-31　Select Tool 选项

• Run:用于执行程序代码,直到遇到断点或者选择了 Debugger→Halt。
程序从当前的程序计数器开始执行(如状态栏中所示)。当前程序计数器的位置也可以由 Program Memory 窗口中的一个箭头表示。在运行程序时,将禁止其他功能。
　　• Animate:用于单步连续运行,使得调试器在运行程序时实际执行单步运行,在运行时会更新寄存器的值。

Animate 比 Run 功能运行要慢,但是这样做允许在 Special Function Register 窗口或 Watch 窗口中查看寄存器值的变化过程。要暂停单步连续运行,请使用菜单选项 Debugger→

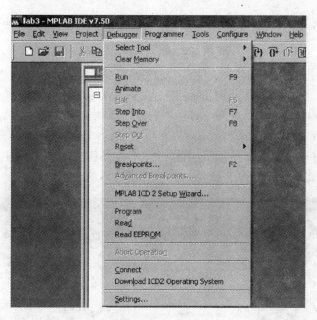

图 1-32　选择了调试工具后的 Debugger 菜单

Halt，而不用工具栏上的 Halt 命令或快捷键 F5。

- Halt：暂停（停止）程序代码的执行。当单击 Halt 命令时，将更新状态信息。
- Step Into：单步运行整个程序代码。

对于汇编代码来说，用此命令执行一条指令（单周期或多周期指令），然后暂停。在执行了一条指令之后，所有窗口都将被更新。

对于 C 代码来说，用此命令执行一行 C 代码，这可能意味着执行一条或多条汇编指令，然后停止。在执行完之后，所有窗口都将被更新。

- Step Over：在当前程序计数器处执行指令。
- Step Out：单步跳出子程序。如果正在单步运行子程序代码，可以使用 Step Out 功能，在完成执行子程序的剩余部分后在 CALL 之后的地址处暂停。
- Reset：复位。
- Breakpoints：设置多个断点。
- MPLAB ICD 2 Setup Wizard：MPLAB ICD 2 调试器安装向导。
- Program：在线编程。

在该选项下，实验板只能在线调试和运行。

- Connect：连接 MPLAB ICD 2 调试器。
- Download ICD 2 Operating System：选择 ICD 2 的固件文件。

固件文件名的组成为 icdxxxxxx.hex，其中 xxxxxx 为版本号。

- Settings：打开与工具相关的设置窗口。

⑥ Programmer 菜单

Programmer 菜单用来对实验板进行编程，单击 Programmer 菜单，会弹出如图 1-33 所示的下拉菜单，该下拉菜单包括一个命令选项。

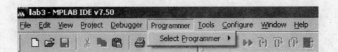

图 1-33   Programmer 选项下拉菜单

- Select Programmer：选择编程器。

Select Programmer 用来选择一个编程器。单击 Select Programmer 命令，弹出如图 1-34 所示选项。默认为 None，一旦选择了编程器，比如单击 MPLAB ICD 2，Programmer 菜单就会添加许多选项，如图 1-35 所示。添加的选项与所选择的编程器有关。

图 1-34   Select Programmer 选项

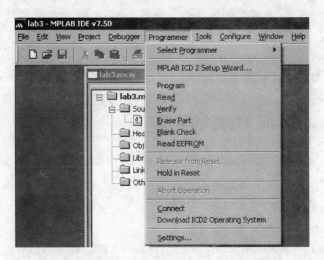

图 1-35   选择了编程器后的 Programmer 菜单

- Program：向实验板存储区烧写程序，这种情况下，在线编程失效。
- Read：读取存储区。
- Verify：验证目标存储器是否已经被正确编程。
- Erase Part：擦除程序。
- Blank Check：擦除后查空。
- Read EEPROM：读取实验板上芯片 EEPROM 中的内容。
- Release from Reset：脱离复位状态，此时实验板就会进入运行状态。

- Hold in Reset：保持复位。
- Abort Operation：中止任何操作，比如编程和读等，仅在编程等操作过程中有效。
- Connect：连接 ICD 2 调试器。
- Settings：打开与工具相关的设置窗口。

⑦ Tools 菜单

Tools 菜单用来设置内置的窗口和对话框，并提供几个支持编程工作的工具。单击 Tools 菜单，会弹出如图 1-36 所示的下拉菜单，该下拉菜单包括 7 个命令选项。

图 1-36　Tools 选项下拉菜单

- Data Monitor And Control Interface：数据监测和控制接口。利用该接口可以动态控制变量的输入值和动态显示结果。该命令选项在电机控制应用方面非常有用，当然，也可用在其他方面。
- MPLAB Macros：MPLAB 宏。当单击 MPLAB Macros 命令选项时，在 MPLAB IDE 的菜单栏就会增加 Macros 一项，如图 1-37 所示。利用菜单栏上的 Macros 菜单选项可以创建一个宏，并将其保存到一个文件中，以备今后使用。

图 1-37　选择了 MPLAB Macros 选项后的菜单栏

- RTOS Viewer：实时操作系统浏览器。该选项提供了一个显示实时操作系统功能的窗口，所显示的功能取决于特定的操作系统。
- Keeloq Plugin：Keeloq 插件。该命令选项用来提供编码器、解码器及转发器等插件。

⑧ Configure 菜单

Configure 菜单用来选择实验板上所用的芯片型号及器件配置位的值等，单击 Configure 菜单选项，会弹出如图 1-38 所示的下拉菜单，该下拉菜单包括 5 个命令选项。

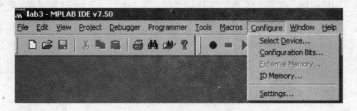

图 1-38　Configure 选项下拉菜单

- Select Device：选择实验板上所用的芯片型号。
- Configuration Bits：设置配置位的值。单击 Configuration Bits 命令选项后，会弹出如图 1-39 所示的窗口，在该窗口中可以对 Category 一栏所列出的各项进行设置。

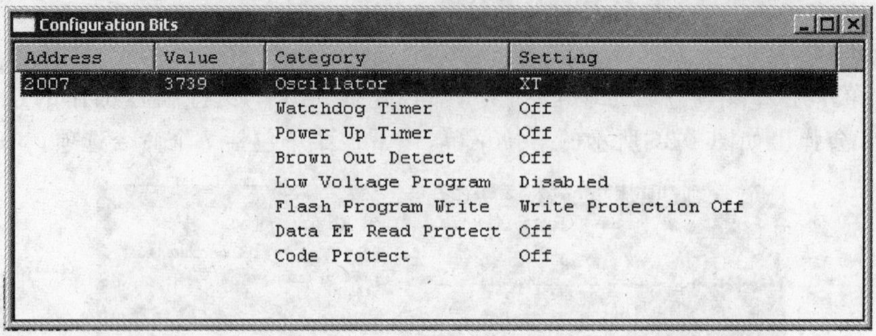

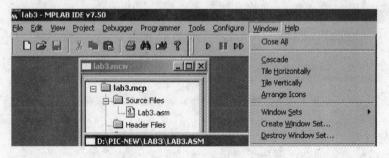

图 1-39　Configuration Bits 窗口

- External Memory：选择是否使用外部存储器。
- ID Memory：输入值到 ID 存储区。某些 PICmicro MCU 和 dsPIC DSC 器件具有可存储校验和或其他标识号的存储单元。在编程/校验的过程中，可读写这些单元。
- Settings：设置工作区、调试器、程序装载、热键和工程的相关值。

⑨ Window 菜单

Window 菜单用来设置打开的窗口，打开 Window 选项，会弹出如图 1-40 所示的下拉菜单，该下拉菜单包括 6 个命令选项。

图 1-40　Window 选项下拉菜单

- Close All：关闭所有打开的窗口。
- Cascade：层叠排列打开的窗口以便看到每个标题栏。
- Tile Horizontally：水平平铺。将打开的窗口一个接一个地用较小的尺寸水平排列。
- Tile Vertically：垂直平铺。将打开的窗口一个接一个地用较小的尺寸垂直排列。
- Arrange Icons：排列图标。在 IDE 的底部排列所有已最小化为图标的窗口。
- Windows Sets：窗口设置。

在 Windows Sets 命令下，又包括两个命令，分别是 Create Window Set(创建窗口)命令和 Destroy Window Set(删除窗口)命令。

⑩ Help 菜单

Help 菜单用来提供帮助信息，单击 Help 菜单，会弹出如图 1-41 所示的下拉菜单，该下拉菜单包括 5 个命令选项。

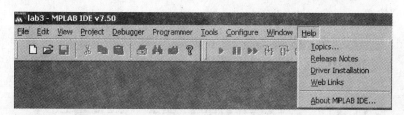

图 1-41　Help 选项下拉菜单

- Topics：选择要显示的帮助文件。
- Release Notes：发行说明。查看 Microchip 工具所有可用的 Readme 文件的 HTML 列表。单击链接查看实际的文件。
- Driver Installation：功能同 Release Notes。
- Web Links：链接 Microchip 公司网站。
- About MPLAB IDE：关于 MPLAB IDE。用来查看 MPLAB IDE 商标和组件的版本信息。

2. 新建工程

新建一个工程的步骤如下：

（1）在 MPLAB IDE 菜单栏上单击 Project 菜单，选择 Project Wizard 命令，单击"下一步"按钮，弹出如图 1-42 所示界面，根据实际情况选择芯片型号，此处选择 PIC16F877A，单击"下一步"按钮。

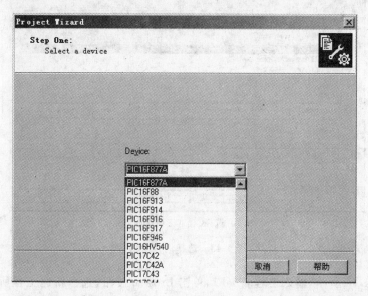

图 1-42　选择器件界面

（2）选择语言工具。根据编写程序所使用的语言及欲使用的编译工具来选择。如果打算用汇编语言编程，则选择 Microchip MPASM Toolsuite（本实验使用汇编语言编程），如

图 1-43(a)所示；如果用 C 语言编程，则选择 HI-TECH PICC Toolsuite，如图 1-43(b)所示，单击"下一步"按钮。

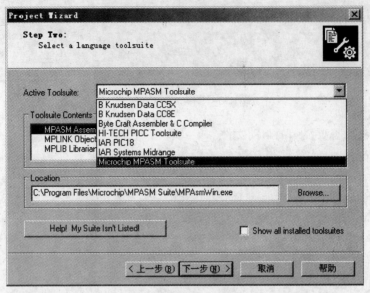

(a) 选择汇编语言工具界面

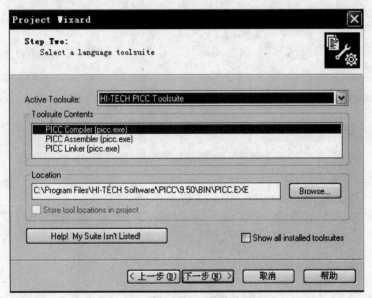

(b) 选择C语言工具界面

图 1-43　选择语言工具

　　(3) 如图 1-44 所示，输入工程名 lab1，单击 Browse 按钮，选择新建工程所在的路径，如图 1-45 所示，注意工程名和路径中不能含有中文字符，单击"下一步"按钮。

　　(4) 如图 1-46 所示，若在所建工程路径下已有所要的汇编源文件，可直接添加。若没有，则直接单击"下一步"按钮。

图 1-44　输入工程名界面

图 1-45　"浏览文件夹"界面

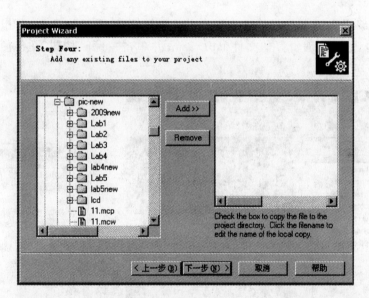

图 1-46　添加文件界面

（5）如图 1-47 所示，该界面是对新建工程中所用的芯片型号、所选的编译工具及工程路径等参数的说明，如果各项参数都正确，就可单击"完成"按钮，此时新建工程任务完成。

3. 编译汇编源文件

编译汇编源文件步骤如下：

（1）在 MPLAB IDE 菜单栏上单击 File 菜单，选择 New 命令，在新建文件中编辑汇编程序源代码，编辑完成后保存源文件 lab1.asm。注意，汇编语言源程序的文件名后缀为.asm；C 语言源程序的文件名后缀为.c，如图 1-48 所示。

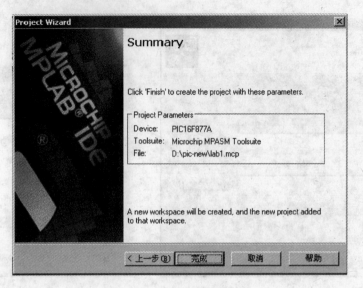

图 1-47　新建工程完成界面

（2）将汇编语言源文件添加进工程。右击 lab1 工程下面的 Source Files 选项，选择 Add Files 命令，选中刚编辑好的文件 lab1. asm，并单击"打开"按钮，文件便添加成功，如图 1-49 所示。

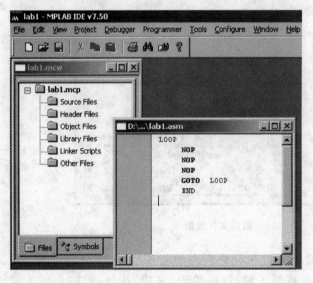

图 1-48　编写汇编语言源文件界面

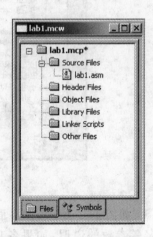

图 1-49　添加文件后的界面

（3）保存工程。在 MPLAB IDE 菜单栏上，单击 File 菜单，选择 Save Workspace 命令。

（4）编译源文件以产生.hex 可执行文件。在 MPLAB IDE 菜单栏上，单击 Project 菜单，选择 Build All 命令。在 Output 窗口中可以看到编译进度和结果，如图 1-50 所示。

（5）在 MPLAB IDE 菜单栏上单击 View 菜单，选择 Program Memory 命令，弹出如图 1-51 所示的窗口，用来观察程序存储器。

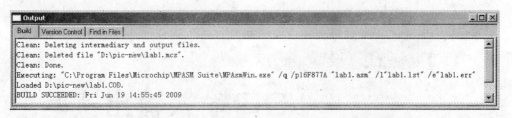

图 1-50 Output 窗口

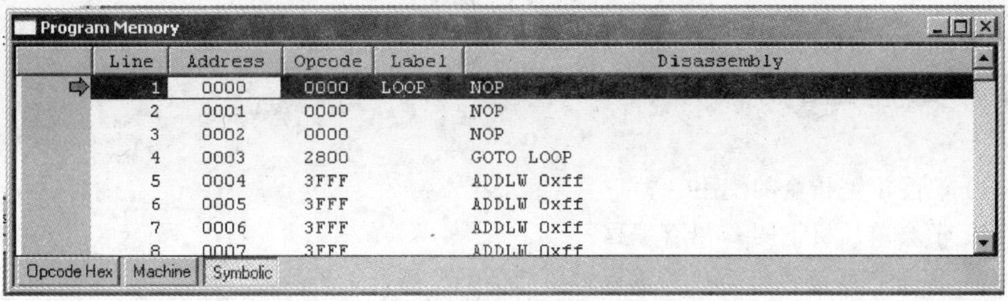

图 1-51 观察程序存储器窗口

1.6 思考题

（1）用 Project Wizard 创建工程有什么优点？
（2）创建工程的过程中应注意哪些问题？

1.7 实验报告内容及要求

实验报告内容应包括实验目的、实验内容、实验设备、实验步骤以及心得体会，并按要求回答上面的思考题。

实验 2

I/O口输入输出实验

2.1 实验目的

（1）熟悉汇编指令的使用。

（2）学会单片机下的 C 语言编程。

（3）掌握 PIC 单片机 I/O 口输入输出数据的原理。

（4）熟悉 PIC Study v1.0 实验板。

（5）学会用 MPLAB ICD 2 在线调试程序。

2.2 实验内容

分别用汇编语言和 C 语言编写一个分支控制程序，用接在 RA4 引脚上的按钮控制接在 RB1 和 RB0 引脚上的发光二极管的亮暗，并用 MPLAB ICD 2 在线调试通过。

2.3 实验所用仪表及设备

（1）硬件：PC 一台、在线调试器 MPLAB ICD 2、PIC Study v1.0 实验板。

（2）软件：MPLAB IDE 集成开发软件。

2.4 实验原理

2.4.1 硬件实验环境介绍

本实验中，用到的硬件电路器件有 PIC Study v1.0 实验板和 MPLAB ICD 2 在线调试器，下面分别进行介绍。

1. PIC Study v1.0 实验板

PIC Study v1.0 实验板是单片机基础实验的硬件环境，其实物图如图 2-1 所示，硬件描述按序号依次叙述如下：

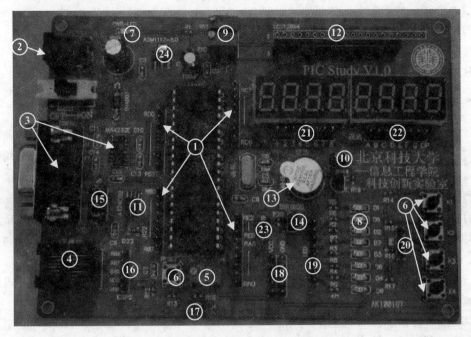

图 2-1　PIC Study v1.0 实验板实物图

① PORTA 口的 RA0～RA5、PORTB 口的 RB0～RB7、PORTC 口的 RC0～RC7、PORTD 口的 RD0～RD7 及 PORTE 口的 RE0～RE2 的引脚接口插针。

② 9V 电源输入插座,板上工作电压为 5V。

③ RS-232 串行接口,可以直接连接 RS-232 接口。

④ 电缆连接插座,通过电缆直接连接到 ICD 2 调试器。

⑤ 10k 可调电位器,用来作为模拟信号的输入。

⑥ 5 个按钮开关,分别为复位按钮和外部开关信号的输入按钮 K1、K2、K3 及 K4。

⑦ 绿色电源指示灯,灯亮表示实验板已接通电源。

⑧ 8 个 LED 指示灯,用来指示输出电平。

⑨ 10k 可调电位器,用来调节 LCD 的背光度。

⑩ J7 跳线开关,用来接通/断开蜂鸣器。

⑪ AT24C02,256×8 的 EEPROM。

⑫ LCD 显示屏的接口插孔。

⑬ 蜂鸣器,J7 用来接通/断开蜂鸣器。

⑭ DS18B20 温度传感器,用来测量环境温度。

⑮ J6 跳线开关,用来接通/断开 AT24C02。

⑯ ICSP2 排针,用来连接 JDM 下载器。

⑰ J4 跳线开关,用来接通/断开模拟输入通道 RA0。

⑱ 电源 VCC 和地 GND 引脚排针。

⑲ LED 引脚排针。

⑳ 4 个按钮开关 K1、K2、K3 及 K4 的引脚排线。

○21 8 个数码管的位选引脚插针。

○22 数码管的段选引脚插针。

○23 J8,用来接通/断开 DS18B20 温度传感器。

○24 稳压芯片 ASM1117-5.0,芯片输入电压范围为 6.5～12V,输出电压为 5V。

2．MPLAB ICD 2 在线调试器

MPLAB ICD 2 是 Microchip 公司对 PIC 系列单片机中具有片内 Flash 程序存储器的 PIC16F87X 芯片所研制的一套学习和开发工具套件。它既是一个编程器(即程序烧写器),又是一个实时在线调试器。用 MPLAB ICD 2 可以代替常用的硬件程序烧写器和在线实时仿真器,它利用了 PIC16F87X 片内集成的在线调试(In-Circuit Debugger)功能和 Microchip 公司的在线串行编程技术(In-Circuit Serial Programmin)。MPLAB ICD 2 工作在 MPLAB IDE 集成开发环境软件包之下,其仿真头直接连接到 PIC Study v1.0 实验板上,如同将一片 PIC16F87X 芯片插入到实验板内一样去运行用户编制的程序,其通信接口方式可以是 USB(最高可达 2Mb/s)或 RS-232 串行接口方式。MPLAB ICD 2 可以作为实验阶段的评估和辅助调试工具。

MPLAB ICD 2 工作电压范围为 2.0～5.5V,可支持最低 2.0V 的低压调试。其主要功能特性有:源程序编辑,直接在源程序界面调试,可设置一个一次断点,变量和寄存器观察,程序代码区观察,修改寄存器,停止冻结(当上位机停止运行程序时,冻结芯片的运行),过电压短路保护电路,实时背景调试。MPLAB ICD 2 可以支持大部分 Flash 工艺的芯片。MPLAB ICD 2 在线调试器与 PIC Study v1.0 实验板的连接如图 2-2 所示。

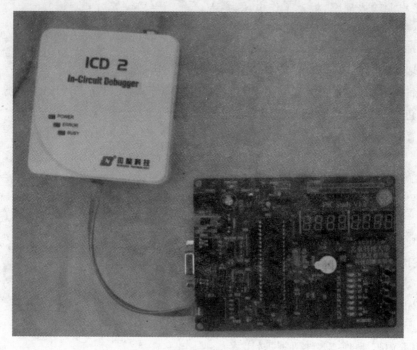

图 2-2   MPLAB ICD 2 在线调试器与实验板的连接

2.4.2　相关寄存器介绍

本实验用接在 RA4 引脚上的按钮控制接在 RB1 上的发光二极管的亮暗。PIC16F877A 共有 5 个输入输出端口,分别是 PORTA、PORTB、PORTC、PORTD 及 PORTE。每个 I/O 端口都对应着若干条外接引脚,并都有相应的 TRISX 方向寄存器与 PORTX 数据端口寄存器,供编程使用。具体控制方法如下。

1. 定义引脚的输入输出方向

- TRISX<b>=1:表示 PORTX<b>引脚为输入。
- TRISX<b>=0:表示 PORTX<b>引脚为输出。

例如:定义 PORTA 的 RA4 引脚为输入,其余为输出。

用汇编语言指令实现,代码如下:

```
movlw  B'00010000'  ; 将立即数 00010000B 送入 W 寄存器
movwf  TRISA        ; W 寄存器中的数据送到 TRISA 寄存器
```

用 C 语言编程实现,代码如下:

```
TRISA = 0b00010000;
```

显而易见,用 C 语言编程更为简洁。

2. ADCON1 寄存器

由于 PORTA 复用的功能较多,必须用 ADCON1 寄存器进行相关设置。ADCON1 寄存器的定义如图 2-3 所示。

bit 7	bit 6	bit 5	bit 4	bit 3	bit 2	bit 1	bit 0
ADFM	—	—	—	PCFG3	PCFG2	PCFG1	PCFG0

图 2-3　ADCON1 寄存器的位定义

ADCON1 寄存器各位的定义如下:

bit 7　ADFM:A/D 结果格式选择位。

　　　1 = A/D 转换结果右对齐,ADRESH 寄存器的高 6 位读为'0'。

　　　0 = A/D 转换结果左对齐,ADRESL 寄存器的低 6 位读为'0'。

bit 6:4 未用:读为'0'。

bit 3:0 PCFG3:PCFG0:A/D 端口配置位,其定义如表 2-1 所示。

例如:设置 PORTA 口所有引脚都允许数字输入,用汇编语言语句定义如下:

```
movlw H'07'
movwf ADCON1
```

同理,也可用一句 C 语言指令来实现:

```
ADCON1 = 0x07;
```

表 2-1　PCFG3:PCFG0 位定义

PCFG	AN7	AN6	AN5	AN4	AN3	AN2	AN1	AN0	V_{REF+}	V_{REF-}	C/R
0000	A	A	A	A	A	A	A	A	AV_{DD}	AV_{SS}	8/0
0001	A	A	A	A	V_{REF+}	A	A	A	AN3	AV_{SS}	7/1
0010	D	D	D	A	A	A	A	A	AV_{DD}	AV_{SS}	5/0
0011	D	D	D	A	V_{REF+}	A	A	A	AN3	AV_{SS}	4/1
0100	D	D	D	D	A	D	A	A	AV_{DD}	AV_{SS}	3/0
0101	D	D	D	D	V_{REF+}	D	A	A	AN3	AV_{SS}	2/1
011X	D	D	D	D	D	D	D	D	—	—	0/0
1000	A	A	A	A	V_{REF+}	V_{REF-}	A	A	AN3	AN2	6/2
1001	D	D	A	A	A	A	A	A	AV_{DD}	AV_{SS}	6/0
1010	D	D	A	A	V_{REF+}	A	A	A	AN3	AV_{SS}	5/1
1011	D	D	A	A	V_{REF+}	V_{REF-}	A	A	AN3	AN2	4/2
1100	D	D	A	A	V_{REF+}	V_{REF-}	A	A	AN3	AN2	3/2
1101	D	D	D	D	V_{REF+}	V_{REF-}	A	A	AN3	AN2	2/2
1110	D	D	D	D	D	D	D	A	AV_{DD}	AV_{SS}	1/0
1111	D	D	D	D	V_{REF+}	V_{REF-}	D	A	AN3	AN2	1/2

说明：A＝模拟输入，D＝数字 I/O,C/R ＝ 模拟输入通道数/A/D 参考电压数。

3．向端口输出数据

例如：向 PORTB 口输出数据 00000010B,实现指令如下：

```
movlw B'00010000'
movwf PORTB
```

用 C 语言实现如下：

```
PORTB = 0x10;
```

2.5　实验步骤

1．硬件电路连接

本实验中,按钮接在 PIC16F877A 单片机芯片的 RA4 引脚上,两个发光二极管分别接在 RB1 和 RB0 引脚上,用按钮来切换两个发光二极管的亮暗,硬件电路原理如图 2-4 所示。

2．新建工程

参考实验 1,新建实验 2 的工程文件并保存,如图 2-5 所示(步骤略)。

3．编译源文件

(1) 选择 File→New 选项,在新建文件中编写源程序代码。如果是用汇编语言编写,则需要在源文件开头,用"＃include p16F877A. inc"语句将汇编语言编写的头文件包含,编写完成后保存为 lab2. asm 源文件,并添加到工程中,如图 2-6 所示。如果是用 C 语言编写源

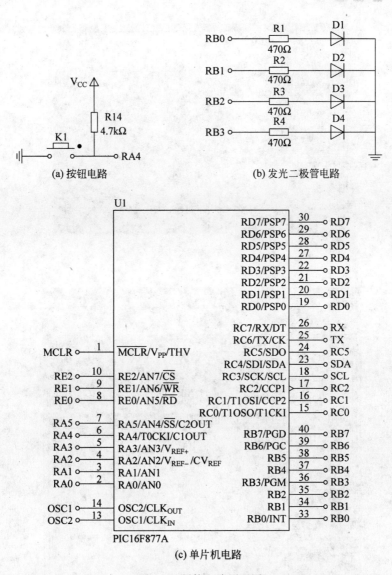

(a) 按钮电路　　　　　　　(b) 发光二极管电路

(c) 单片机电路

图 2-4　硬件电路原理图

程序,则需要在源文件开头,用"#include<pic.h>"语句将 C 语言编写的头文件包含,编写完成后保存文件为 lab2.c。

(2) 配置硬件。按照下面的步骤,依次配置相关硬件。

① 将 ICD 2 通过电缆连接到计算机上。

② 给 PIC Study v1.0 实验板供电。

③ 将 ICD 2 连接到 PIC Study v1.0 实验板上。

(3) 依次选中 MPALAB IDE 菜单的 Debugger→Select Tool→MPLAB ICD 2 选项,用来选择调试工具,如图 2-7 所示。

(4) 进入 MPLAB ICD 2 Setup Wizard 界面,分别按照图 2-8～图 2-14 进行设置。

(5) 设置芯片的配置字。分别按照图 2-15 和图 2-16 所示设置芯片的配置字。

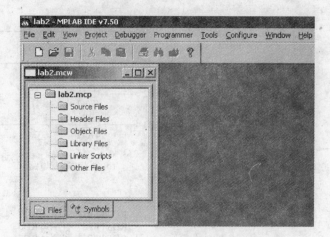

图 2-5　新建工程

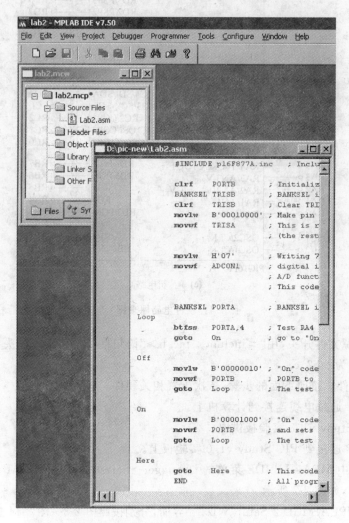

图 2-6　编辑源文件

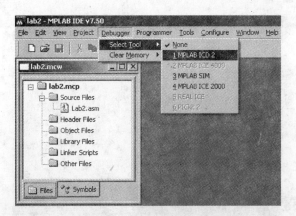

图 2-7　选中 MPLAB ICD 2

图 2-8　选中 MPLAB ICD 2 Setup Wizard

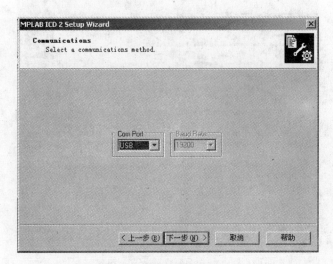

图 2-9　选 USB 通信接口

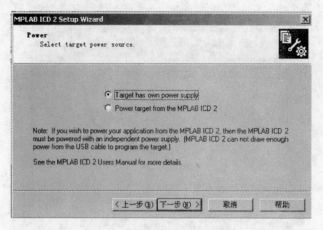

图 2-10　选择实验板独立供电

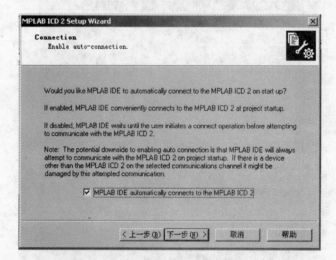

图 2-11　选择自动连接 MPLAB ICD 2

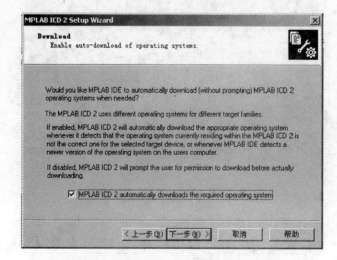

图 2-12　选择自动下载需要的操作系统

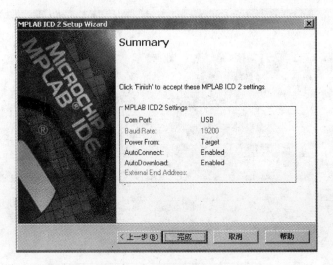

图 2-13　设置完成界面

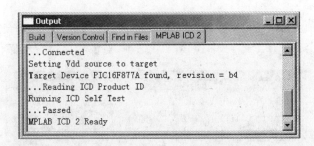

图 2-14　Output 窗口显示已连接上 ICD 2

图 2-15　选择 Configuration Bits 选项

在图 2-16 中,各项参数的含义解释如下。

- Oscillator:振荡方式选择,本实验系统选择 XT。
- Watchdog Timer:看门狗使能位,选择 Off。
- Power Up Timer:上电定时器,选择 Off。
- Brown Out Detect:掉电检测使能位,当用 ICD 2 作为调试工具时,一定要选择 Off。
- Low Voltage Program:低电压编程使能,选择 Disabled。
- Flash Program Write :写 Falsh 使能,选择 Write Protection Off,关闭写保护。
- Data EE Read Protect:读内部 EEPROM 保护位,当用 ICD 2 作为调试工具时,一定要选择 Off。

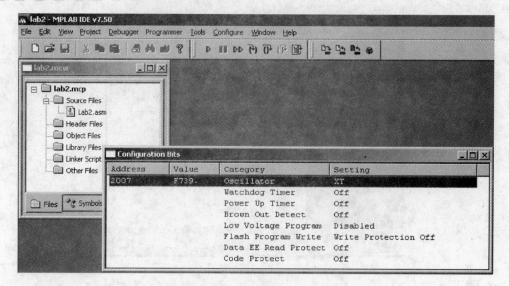

图 2-16　设置 Configuration Bits 选项

· Code Protect：加密位，当用 ICD 2 作为调试工具时，一定要选择 Off。

（6）编译源程序。选择 Project→Build All 选项，对源程序进行编译，如图 2-17 所示。

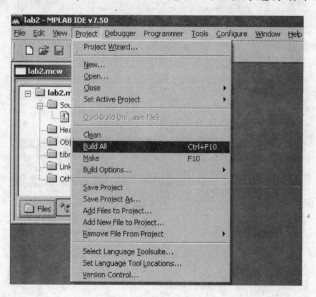

图 2-17　编译源程序

此时，会在 Output 窗口显示编译过程及错误提示。如果有错误，可按照提示进行修改。当程序无错后，即可通过编译，并生成可执行文件 lab2. HEX。

（7）下载代码到目标芯片。选择 Debugger→Program 选项，将可执行文件 lab2. mcp 代码下载到实验板，如图 2-18 所示。

（8）调试和运行。可执行代码下载到实验板上后，即可运行。

（9）观察变量信息。如图 2-19 所示，选择 Watch 选项，即可观察变量信息，如图 2-20 所示。

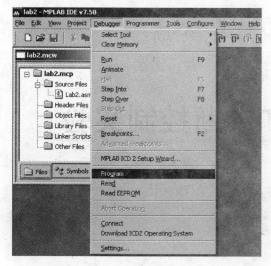

图 2-18　下载可执行代码到实验板

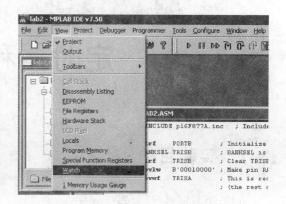

图 2-19　选择 Watch 选项

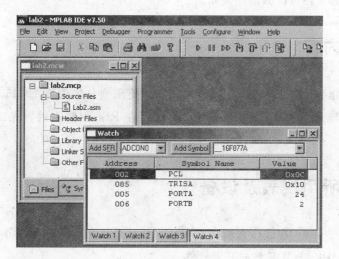

图 2-20　观察变量信息

2.6　思考题

（1）程序分支是如何实现的？画出上面程序的流程图，并完成对程序的注释。

（2）在线调试器 MPLAB ICD 2 的作用是什么？它和 MPLAB-SIM 的优缺点各是什么？

（3）（选做）实现流水灯控制。

2.7　实验报告内容及要求

实验报告内容应包括实验目的、实验内容、实验设备、实验步骤以及心得体会，并按要求回答上面的思考题。

实验 3

定时器和中断控制实验

3.1 实验目的

(1) 学习定时/计数器 Timer0。

(2) 掌握中断及轮流检测的相关知识。

3.2 实验内容

分别用汇编语言和 C 语言编写一段中断程序,使用预分频值为 1∶256 的 TMR0,每循环计数 195 次创建一个 0.05s 的中断速率;让连接在 RB0 引脚上的发光二极管以 0.2s 的中断速率闪烁。

3.3 实验所用仪表及设备

(1) 硬件:PC 一台、在线仿真调试器 MPLAB ICD 2、PIC Study v1.0 实验板。

(2) 软件:MPLAB IDE 集成开发软件。

3.4 实验原理

本实验用到 PIC16F877A 芯片的两个模块,即定时/计数器 Timer0 模块和中断控制模块。根据中断速率的要求来设置寄存器 TMR0 的初值,通过 Timer0 计数过程中产生的溢出,形成溢出中断请求。单片机响应此中断,并执行相应的中断程序。在所执行的中断程序中将控制 PORTB 的 RB0 端口不断反转输出,从而使实验板上的 LED0 灯以所要求的中断速率闪烁。下面介绍本实验用到的主要寄存器。

1. INTCON 寄存器

INTCON 是可读写的寄存器,它定义了各种对于 TMR0 寄存器溢出、PORTB 端口变化和外部 RB0/INT 引脚的使能位和标志位。如图 3-1 所示,各位的具体定义如下:

bit 7	bit 6	bit 5	bit 4	bit 3	bit 2	bit 1	bit 0
GIE	PEIE	TOIE	INTE	RBIE	TOIF	INTF	RBIF

图 3-1　INTCON 寄存器位定义

bit 7　GIE：全局中断允许位。

1——允许所有未屏蔽的中断。

0——禁止所有中断。

bit 6　PEIE：外设中断允许位。

1——允许所有未屏蔽的外设中断。

0——禁止所有的外设中断。

bit 5　TOIE：TMR0 溢出中断允许位。

1——允许 TMR0 溢出中断。

0——禁止 TMR0 溢出中断。

bit 4　INTE：INT 外部引脚中断允许位。

1——允许 INT 外部引脚中断。

0——禁止 INT 外部引脚中断。

bit 3　RBIE：RB 端口电平变化中断允许位。

1——允许 RB 端口电平变化中断。

0——禁止 RB 端口电平变化中断。

bit 2　TOIF：TMR0 溢出中断标志位。

1——TMR0 寄存器已经溢出（必须用软件清零）。

0——TMR0 寄存器尚未发生溢出。

bit 1　INTF：INT 外部引脚中断标志位。

1——发生 INT 外部中断（必须用软件清零）。

0——未发生 INT 外部中断。

bit 0　RBIF：RB 端口电平变化中断标志位。

1——RB7:RB4 引脚中至少有一位的状态发生了变化（必须用软件清零）。

0——RB7:RB4 引脚未发生状态变化。

例如：允许所有未屏蔽的中断，允许 TMR0 溢出中断。

若用汇编语言编程，代码如下：

```
movlw B'10100000'
movwf INTCON
```

若用 C 语言编程，代码如下：

```
INTCON = 0b10100000
```

执行“中断返回”指令 RETFIE 将退出中断服务程序，同时将 GIE 位置“1”，从而 CPU 可响应任何暂挂的中断。

当一个中断被响应时，GIE 位被清零以禁止其他中断，返回地址压入堆栈，PC 中装入 0004H。在中断服务程序中，通过检测中断标志位可判断中断源。通常，中断标志位应在重新允许全局中断允许位 GIE 之前通过软件清零,以避免重复响应该中断。

在中断期间,仅将返回的 PC 地址压入堆栈。而用户通常可能还希望保存中断期间的一些重要寄存器值,如 W 寄存器和 STATUS 寄存器。这要通过软件来实现。保存信息的操作通常称作 PUSHing(压入),而恢复信息的操作称作 POPing(弹出)。PUSH 和 POP 不是指令符,而是概念性的操作,该操作通过一串指令序列实现。在汇编语言编程中,为了使代码易于移植,这些代码段可写成宏形式,如下所示:

```
Push MACRO                          ; 保存 W 和 STATUS 寄存器
      movwf      W_TEMP            ; W_TEMP 和 STATUS_TEMP 为用户定义的寄存器
      movf       STATUS,W          ;
      movwf      STATUS_TEMP       ;
      ENDM
Pop MACRO                           ; 恢复 W 和 STATUS 寄存器
      movf       STATUS_TEMP,W     ;
      movwf      STATUS
      swapf      W_TEMP,F          ; movf 指令会修改 STATUS 寄存器的 bit Z
      swapf      W_TEMP,W          ; 但是 swapf 指令不会修改 STATUS 寄存器
      ENDM
```

若用 C 语言编程,PICC 会自动加入代码实现中断现场的保护,并在中断结束时自动恢复现场,所以编程员无须像编写汇编程序那样加入中断现场保护和恢复的额外指令语句。

Timer0 模块有以下特性。

(1) 8 位定时器/计数器。

(2) 可读写。

(3) 软件可编程的 8 位预分频器。

(4) 可选择内部或外部时钟信号。

(5) 从 0FFH 计数到 00H 时,发生溢出中断。

(6) 外部时钟边沿选择。

2. OPTION_REG 寄存器

OPTION_REG 寄存器是一个可读写寄存器,它含有各种控制位,用来设置 TMR0/WDT 预分频器、外部 INT 中断、TMR0 和 PORTB 口的弱上拉等,其各位定义如图 3-2 所示。

bit 7	bit 6	bit 5	bit 4	bit 3	bit 2	bit 1	bit 0
$\overline{RBPU}$	INTEDG	TOCS	TOSE	PSA	PS2	PS1	PS0

图 3-2 OPTION_REG 寄存器位定义

各位具体定义如下:

bit 7 $\overline{RBPU}$:PORTB 口弱上拉使能位。

　　　1——PORTB 口禁止弱上拉。

　　　0——PORTB 口使能弱上拉。

bit 6   INTEDG:外部中断信号边沿选择位。

　　　1——RB0/INT 引脚的上升沿触发中断。

0——RB0/INT 引脚的下降沿触发中断。

bit 5　TOCS：TMR0 时钟源选择位。

1——由 TOCKI 外部引脚输入的脉冲信号作为 TMR0 的时钟源。

0——由内部提供的指令周期信号作为 TMR0 的时钟源。

bit 4　TOSE：TMR0 时钟源边沿选择位。

1——外部时钟 T0CKI 引脚下降沿触发 TMR0 递增。

0——外部时钟 T0CKI 引脚上升沿触发 TMR0 递增。

bit 3　PSA：预分频器分配位。

1——预分频器分配给 WDT。

0——预分频器分配给 Timer0 模块。

bit 2:0　PS2:PS0：预分频器比选择位,各位定义如表 3-1 所示。

将 TOCS 位(OPTION<5>)清零可选择 TMR0 模式。在定时器模式下,Timer0 模块在每个指令周期加 1(不使用预分频器)。

例如：给 TMR0 设置预分频器比为 1:256,并使用内部指令周期时钟。

若用汇编语言编程,代码如下：

```
movlw   B'11000111'
movwf   OPTION_REG
```

若用 C 语言编程,代码如下：

```
OPTION_REG = 0b11000111
```

TMR0 中断：当 TMR0 寄存器从 0FFH 到 00H 发生计数溢出时,即产生 TMR0 中断。该溢出将 TOIF 位(INTCON<2>)置 1。中断请求可以通过清零 TOIE (INTCON<5>)来屏蔽。在重新允许中断前,必须在 Timer0 中断服务子程序中用软件将 TOIF 位清零。

表 3-1　预分频器比选择位定义

PS2	PS1	PS0	TMR0 比率	WDT 比率
0	0	0	1:2	1:1
0	0	1	1:4	1:2
0	1	0	1:8	1:4
0	1	1	1:16	1:8
1	0	0	1:32	1:16
1	0	1	1:64	1:32
1	1	0	1:128	1:64
1	1	1	1:256	1:128

3.5　实验步骤

1. 硬件电路连接

本实验利用定时/计数器 Timer0 模块,采用中断控制机制,去控制接在 PIC16F877A

单片机芯片的 RB0 引脚上的发光二极管以一定的频率闪烁,硬件电路原理如图 3-3 所示。

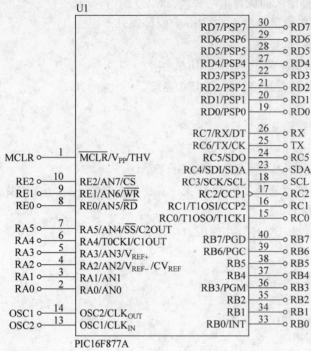

(a) 单片机电路

(b) 发光二极管电路

图 3-3　硬件电路原理图

2. 新建工程

新建一个工程文件 lab3. mcp,并保存,如图 3-4 所示(步骤略)。

注意:如果用汇编语言编程,在创建工程时应把 lab3 文件夹内的 701pic. inc 文件添加到工程中,该文件里定义了若干个宏,步骤略。

3. 编译汇编源文件

(1) 选择 File→New 选项,在新建文件中编辑汇编语言源代码,完成后保存为后缀为 lab3. asm 的源文件,并添加到工程中,如图 3-5 所示。

(2) 编译源文件。选择 Project→Build All 选项,在 Output 窗口中可以看到编译进度和结果,如图 3-6 所示。

(3) 配置硬件。

① 将 ICD 2 通过电缆连接到计算机上。

② 给 PIC Study v1.0 实验板供电。

③ 将 ICD 2 连接到 PIC Study v1.0 实验板上。

图 3-4　新建工程

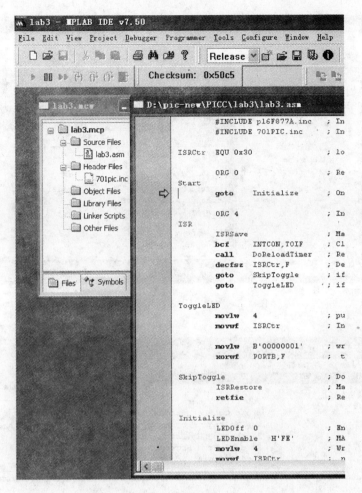

图 3-5　添加文件

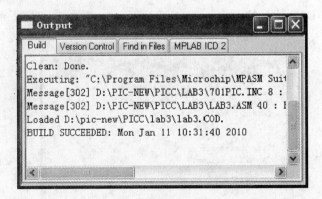

图 3-6　编译结果

　　(4) 选择 MPALAB IDE 的 Programmer→Select Programmer→MPLAB ICD 2 选项，如图 3-7 所示。

　　(5) 设置芯片的配置字。设置芯片的配置字，如图 3-8 所示。

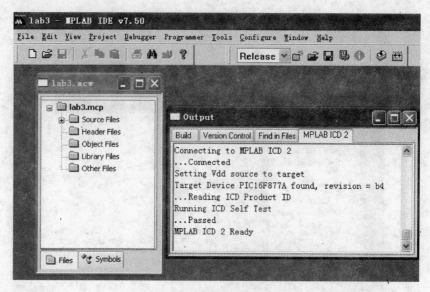

图 3-7　选择 MPLAB ICD 2 选项

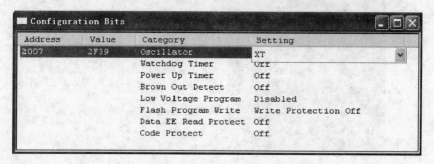

图 3-8　设置芯片配置字

（6）选择 MPALAB IDE 的 Programmer→Program 选项，将程序下载到实验板上，如图 3-9 所示。

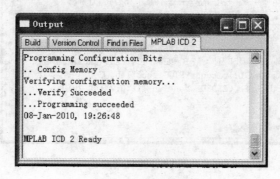

图 3-9　下载程序

（7）断开 ICD 2 与 PIC Study v1.0 实验板的连接，观察演示板上 LED0 灯（接在 RB0 上）的闪烁情况。

3.6 思考题

（1）执行中断程序与执行子程序有什么区别？

（2）若需要建立一个 $160\mu s$ 的 TMR0 溢出中断机制，使用 1∶2 的预分频，需在 TMR0 中加载一个多大的初始值？为什么？

（3）利用中断机制实现 RB0 灯亮 2s、暗 2s、亮 2s、暗 2s……如此循环。

3.7 实验报告内容及要求

实验报告内容应包括实验目的、实验内容、实验设备、实验步骤以及心得体会，并按要求完成上面的思考题。

实验 4

A/D转换实验

4.1 实验目的

(1) 掌握 A/D 转换的原理和应用。
(2) 熟悉 PORTA 端口的初始化编程。
(3) 学会编写 A/D 转换程序的方法。

4.2 实验内容

调节模拟输入量 RA0 的大小,并由数字输出口 RB0 来显示。

4.3 实验所用仪表及设备

(1) 硬件:PC 一台、在线仿真调试器 MPLAB ICD 2、PIC Study v1.0 实验板。
(2) 软件:MPLAB IDE 集成开发软件。

4.4 实验原理

A/D 转换器能将一个模拟输入信号转换成相应的 10 位数字信号。采样保持的输出是 A/D 转换器的输入,采用逐次逼近法原理进行转换,产生的转换结果存入 A/D 转换结果寄存器。通过软件编程设置,模拟参考电压可以选择为器件的正向电源电压(V_{DD})或 V_{REF} 引脚上的电平。与 A/D 转换相关的寄存器有 4 个,分别为 A/D 控制寄存器 0 (ADCON0)、A/D 控制寄存器 1 (ADCON1)、A/D 转换结果高位寄存器(ADRESH)和 A/D 转换结果低位寄存器(ADRESL)。

1. ADCON0 寄存器

ADCON0 寄存器各位定义如图 4-1 所示。各位的定义如下面所述:

bit 7	bit 6	bit 5	bit 4	bit 3	bit 2	bit 1	bit 0
ADCS1	ADCS0	CHS2	CHS1	CHS0	GO/$\overline{\text{DONE}}$	—	ADON

图 4-1 ADCON0 寄存器位定义

bit 7:6 ADCS1:ADCS0：A/D 转换时钟选择位,定义如下:

00——$F_{OSC}/2$。

01——$F_{OSC}/8$。

10——$F_{OSC}/32$。

11——F_{RC}(A/D 模块内部专用的 RC 振荡器)。

bit 5:3 CHS2:CHS0：模拟通道选择位。

000——选择通道 0(AN0)。

001——选择通道 1(AN1)。

010——选择通道 2(AN2)。

011——选择通道 3(AN3)。

100——选择通道 4(AN4)。

101——选择通道 5(AN5)。

110——选择通道 6(AN6)。

111——选择通道 7(AN7)。

bit 2 GO/$\overline{\text{DONE}}$：A/D 转换状态位,当 ADON=1 时:

1——A/D 转换正在进行(该位置 1 启动 A/D 转换,A/D 转换结束后该位由硬件自动清零)。

0——未进行 A/D 转换。

bit 1 保留：总是保持该位为 0。

bit 0 ADON：A/D 模块开启位。

1——A/D 转换器模块工作。

0——A/D 转换器关闭,不消耗工作电流。

2. ADCON1 寄存器

ADCON1 寄存器的定义见实验 2,如图 2-3 所示,此处不再赘述。

3. ADRESL 寄存器

ADRESL 寄存器用来存放 A/D 转换结果的低位:

· 当 ADCON1<7>为 0 时,用于存放 A/D 转换结果的低 2 位。

· 当 ADCON1<7>为 1 时,用于存放 A/D 转换结果的低 8 位。

4. ADRESH 寄存器

ADRESH 寄存器用来存放 A/D 转换结果的高位:

· 当 ADCON1<7>为 0 时,用于存放 A/D 转换结果的高 8 位。

- 当 ADCON1<7>为 1 时,用于存放 A/D 转换结果的高 2 位。

4.5　实验步骤

1. 硬件电路原理

在本实验中,模拟输入量用一个电位器 R_L 来模拟,R_L 连接在 PIC16F877A 单片机芯片的 RA0/AN0 引脚上。调节 R_L 的电阻值,经过单片机内部的 A/D 转换,其数字输出量的大小用连接在 RB0 上的发光二极管来指示。实验 4 的硬件电路原理如图 4-2 所示。

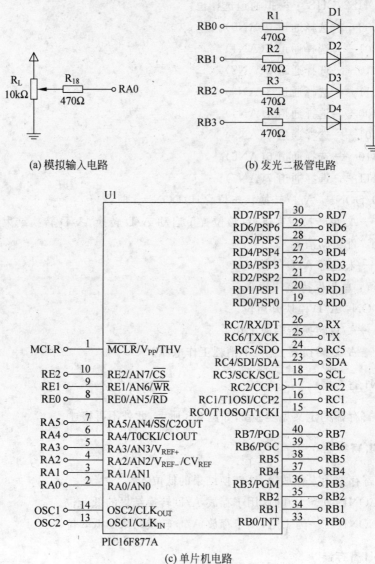

(a) 模拟输入电路　　　　　　　　　　　　(b) 发光二极管电路

(c) 单片机电路

图 4-2　硬件电路原理图

2. 新建工程

参考实验 1 新建一个工程文件 lab4.mcp,并保存,如图 4-3 所示(步骤略)。

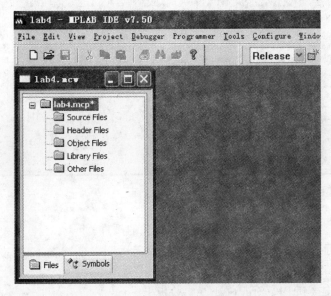

图 4-3　新建一个工程文件

3. 编辑编译汇编源文件

(1) 选择 MPALAB IDE 的菜单 File→New 选项,在新建文件中编辑 C 语言源代码,完成后将其保存为 lab4.c,并添加到工程中,如图 4-4 所示。

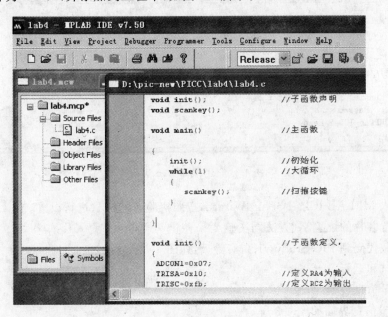

图 4-4　添加新文件

（2）编译源文件。选择 Project→Build All 选项，在 Output 窗口中可以看到编译进度和结果，如图 4-5 所示。

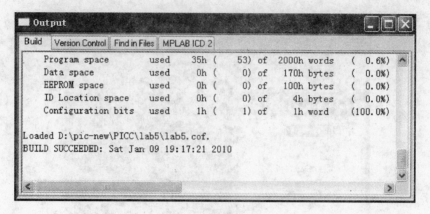

图 4-5　编译结果

（3）配置硬件。分别按照下面的步骤配置相关的硬件。
- 将 ICD 2 通过电缆连接到计算机上。
- 给 PIC Study v1.0 实验板供电。
- 将 ICD 2 连接到 PIC Study v1.0 实验板上。

（4）选择 MPALAB IDE 的 Debugger→Select Tool→MPLAB ICD 2 选项，弹出如图 4-6 所示窗口。

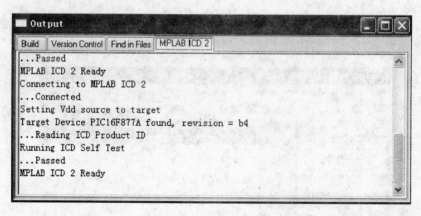

图 4-6　选中 MPLAB ICD 2

（5）进入 MPLAB ICD 2 Setup Wizard，按照实验 2 的步骤进行设置。
（6）设置芯片的配置字（方法同实验 2）。
（7）下载代码到 PIC Study v1.0 实验板，如图 4-7 所示。
（8）调试和运行。
（9）变量信息观察。
观察变量信息界面如图 4-8 所示。

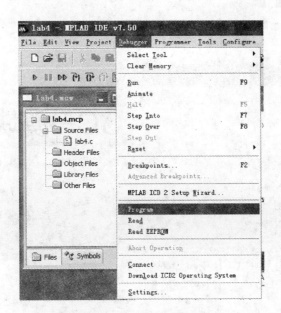

图 4-7 下载代码到实验板

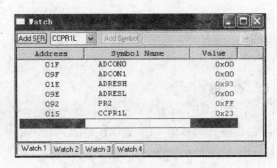

图 4-8 观察变量窗口

4.6 思考题

(1) A/D 转换是通过哪几个寄存器控制的?

(2) 调节 R_L 的电阻值:

① 当模拟输入小于 50 时,RB0 灯点亮。

② 当模拟输入小于 100 时,RB1 灯点亮。

③ 当模拟输入小于 150 时,RB2 灯点亮。

④ 当模拟输入大于等于 150 时,RB3 灯点亮。

4.7 实验报告内容及要求

实验报告内容应包括实验目的、实验内容、实验设备、实验步骤以及心得体会,并按要求回答上面的思考题。

CCP模块实验

5.1 实验目的

（1）掌握 PIC 单片机的 CCP 模块原理。
（2）学会使用 CCP 模块输出 PWM 波形。

5.2 实验内容

通过 PWM 波控制蜂鸣器的响声。

5.3 实验所用仪表及设备

（1）硬件：PC 一台、在线仿真调试器 MPLAB ICD 2、PIC Study v1.0 实验板。
（2）软件：MPLAB IDE 集成开发软件。

5.4 实验原理

5.4.1 相关寄存器介绍

本实验用到 PIC16F877A 单片机芯片内部的 CCP 模块。CCP 模块即输入捕捉（Capture）/输出比较（Compare）/脉冲宽度调制（PWM）模块，本实验主要利用 CCP 模块的 PWM 模式。下面介绍与 CCP 模块相关的各个寄存器。

1. CCPxCON 寄存器

CCPxCON 寄存器是 CCP 模块的控制寄存器，用来定义 PWM 波的输出模式，其定义如图 5-1 所示。

CCPxCON 寄存器各位定义如下：

bit 7:6　未用：读为'0'。

bit 5:4　DCxB1:DCxB0：PWM 占空比的最低两位（bit 1 和 bit 0），占空比的高 8 位（DCx9:DCx2）在 CCPRxL 中。

bit 7	bit 6	bit 5	bit 4	bit 3	bit 2	bit 1	bit 0
—	—	DCxB1	DCxB0	CCPxM3	CCPxM2	CCPxM1	CCPxM0

图 5-1 CCPxCON 寄存器位定义

bit 3:0 CCPxM3:CCPxM0:CCPx 模式选择位,定义如下:

    0000——捕捉/比较 PWM 关闭(即复位 CCPx 模块)。

    0100——捕捉模式,每个下降沿发生。

    0101——捕捉模式,每个上升沿发生。

    0110——捕捉模式,每 4 个上升沿发生。

    0111——捕捉模式,每 16 个上升沿发生。

    1000——比较模式,CCP 引脚初始为低电平,比较相符时,迫使 CCP 引脚输出高电平(CCPIF 置 1)。

    1001——比较模式,CCP 引脚初始为高电平,比较相符时,迫使 CCP 引脚输出低电平(CCPIF 置 1)。

    1010——比较模式,比较相符时,产生软件中断(CCPIF 置 1,CCP 引脚不受影响)。

    1011——比较模式,比较相符时,产生特殊触发事件(CCPIF 置 1,CCP 引脚不受影响)。

    11xx——PWM 模式。

例如:设置 PWM 模式。

用汇编语言指令实现代码如下:

```
movlw OXDC
movwf CCP1CON
```

用 C 语言编程实现代码如下:

```
CCP1CON = 0x0C;
```

2. T2CON 寄存器

T2CON 寄存器是 Timer2 控制寄存器,各位定义如图 5-2 所示。

bit 7	bit 6	bit 5	bit 4	bit 3	bit 2	bit 1	bit 0
—	TOUTPS3	TOUTPS2	TOUTPS1	TOUTPS0	TMR2ON	T2CKPS1	T2CKPS0

图 5-2 T2CON 寄存器位定义

T2CON 寄存器各位的定义如下:

bit 7 未用:读为'0'。

bit 6:3 TOUTPS3:TOUTPS0:Timer2 输出后分频选择位。

    0000——1:1 后分频。

    0001——1:2 后分频。

    ⋮

    1111——1:16 后分频。

bit 2   TMR2ON：Timer2 允许位。

　　　　1——Timer2 允许。

　　　　0——Timer2 关闭。

bit 1：0   T2CKPS1：T2CKPS0：Timer2 时钟预分频选择位。

　　　　00——预分频器为 1。

　　　　01——预分频器为 4。

　　　　1x——预分频器为 16。

例如：打开 Timer2，且预分频器为 16。

用汇编语句实现代码如下：

```
movlw   0x06
movwf   T2CON
```

用 C 语言实现代码如下：

```
T2CON = 0x06
```

5.4.2   PWM 波简介

脉宽调制(PWM)是利用微处理器的数字输出来对模拟电路进行控制的一种非常有效的技术，广泛应用在测量、通信、电机调速、功率控制与变换等诸多领域中。

PWM(脉宽调制)波形如图 5-3 所示，通过调整占空比 X%，可以调节整个平均输出电平，从而达到调制目的，本实验用 PWM 波来调节蜂鸣器响声的大小。

占空比X%=高电平输出宽度/一个周期宽度=t/T

图 5-3   PWM 波形

5.4.3   CCP 模块控制 PWM 输出原理

PIC16F877A 单片机芯片内部具有两个 CCP 模块，其功能基本一样，此处仅以 CCP1 模块为例进行介绍。CCP1 模块在 PWM 工作方式下的简化结构图如图 5-4 所示。当 CCP1 模块工作于 PWM 模式时，引脚 RC2/CCP1 可以输出 10 位分辨率的 PWM 信号波形。由于 CCP1 引脚与 RC 端口的 RC2 引脚是复用的，因此必须事先将 TRISC 寄存器的 bit 2 位清零，以设置 RC2/CCP1 引脚为输出状态。除此之外，还需要对以下三个参数进行设置。

（1）TMR2 寄存器，这是 PWM 的时间基准累加计数器，8 位宽，其初始默认值是 00H，也可以在 00H～FFH 范围内由用户设定一个起始值。

（2）周期寄存器 PR2，TMR2 从 00H 增量直到与 PR2 中的值相匹配，然后在下一增量周期复位回到 00H，PR2 值一般由计算得到。

（3）PWM 波脉宽(即高电平时间)设定寄存器，包括 CCPR1L 寄存器和 CCP1ON 寄存器的 bit 5～bit 4 位，共 10 位，PWM 波脉宽值也由计算得到。

当 TMR2 增量到与脉宽设定值匹配时，CCP1 引脚输出为低电平；当 TMR2 增量到与

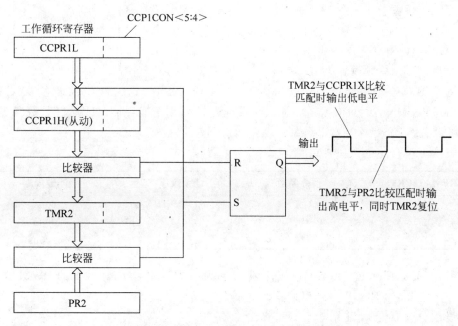

图 5-4　PWM 工作方式下的简化结构图

周期寄存器 PR2 匹配时,CCP1 引脚输出高电平,同时 TMR2 被清零,开始下一周期,如此循环反复,从而实现 PWM 波的输出。

下面分别介绍 PWM 波周期和脉宽值的计算。

(1) PWM 波的周期

通过向 TMR2 的周期寄存器 PR2 写入初值来设定 PWM 波的周期,其计算公式见式(5-1):

$$\text{PWM 周期} = (PR2 + 1) \times 4 \times T_{osc} \times (\text{TMR2 预分频值}) \qquad (5-1)$$

其中,T_{osc} 为系统时钟周期,TMR2 预分频值可以是 1、4 或 16。

$$\text{PWM 频率} = \frac{1}{\text{PWM 周期}} = \frac{F_{osc}/4}{(PR2 + 1) \cdot \text{TMR2 预分频值}} \qquad (5-2)$$

其中,F_{osc} 为系统时钟频率。

由式(5-2)可以得到:

$$PR2 = \frac{F_{osc}/4}{\text{PWM 频率} \cdot \text{TMR2 预分频值}} - 1 \qquad (5-3)$$

根据式(5-3)的计算,即可设置 PR2 值。

(2) 脉宽值的设定

通过写入 CCPR1L 寄存器和 CCP1CON<5:4>两位可以得到 PWM 的脉宽设定值,分辨率可达 10 位:由 8 位的 CCPR1L 值(作为 10 位中的高 8 位)和控制寄存器 CCP1CON 中的 bit 5～bit 4 两位(作为 10 位中的低 2 位)组成。用式(5-4)可以计算出 PWM 的脉宽值:

$$\text{PWM 脉宽值} = (CCPR1L:CCP1CON<5:4>) \times T_{osc} \times (\text{TMR2 预分频值}) \qquad (5-4)$$

如果所需精度不高,一般可以把其中的低两位即 CCP1CON<5:4>设为 0,则式(5-4)

就简化为式(5-5):

$$PWM 脉宽值 = CCPR1L \times 4 \times T_{osc} \times (TMP2 预分频值) \tag{5-5}$$

可看出式(5-5)式与式(5-1)相近。

(3) TMR2 预分频设置

输入时钟的预分频器可以选择 1:1、1:4 或 1:16,这由两位控制位 T2CKPS1:T2CKPS0(T2CON<2:1>)来控制。以系统时钟频率 F_{osc} = 4MHz 为例,分频结果如表 5-1 所示。

表 5-1   分频结果

T2CKPS1:T2CKPS0	预分频数	计数频率	计数周期
00	1	1M	$1.00\mu s$
01	4	1/4M	$4.00\mu s$
1X	16	1/16M	$16.00\mu s$

例如,若晶振频率 F_{osc}=4MHz,试产生频率为 880Hz、占空比为 50% 的 PWM 波。

(1) 首先设定 PR2 寄存器,以设置其周期。

假设预分频值为 1,则由式(5-3)可算出

$$PR2 = \frac{4 \times 16^6 Hz/4}{880 Hz} - 1 = 1135$$

远远超出 TMR2 最大计数值 255 的范围;若为 4 分频,则按同样的方法可计算出 PR2≈283,也超出 TMR2 最大计数范围;因此,应选择 16 分频,经计算得出:

$$PR2 = \frac{4 \times 16^6 Hz/4}{880 Hz \times 16} - 1 = 71 - 1 = 70$$

(2) 然后计算 CCPR1L:CCP1CON<5:4>,进行脉宽设定,这里所需精度不高,因此低两位 CCP1CON<5:4>设为 0,则 CCPR1L 为 71 的 50% 约等于 35。

可通过下面的步骤将 CCP1 模块配置为 PWM 模式:

① 将相应的 TRISC<2> 位清零,以将 CCP1/RC2 引脚设置为输出方向。

② 将周期值写入 PR2 寄存器,以设定 PWM 周期。

③ 将脉宽值写入 CCPR1L 寄存器,以设定 PWM 脉宽。

④ 写 T2CON 寄存器,以设定分频器的预分频值并开启定时器 TMR2。

⑤ 写 CCP1CON 寄存器,以设定 CCP1 模块为 PWM 模式。

5.5   实验步骤

1. 硬件电路原理

本实验中,通过接在 RA4 引脚上的按钮来控制蜂鸣器的响声。蜂鸣器的响声由 PWM 波控制,可以通过改变 PWM 波形的占空比来改变发声音调。硬件电路原理如图 5-5 所示。

2. 新建工程

参考实验 1 新建一个工程文件 lab5.mcp,并保存,如图 5-6 所示(步骤略)。

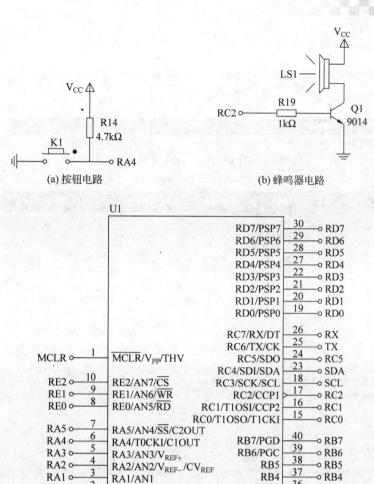

(a) 按钮电路　　　　　　　　　(b) 蜂鸣器电路

(c) 单片机电路

图 5-5　硬件电路原理图

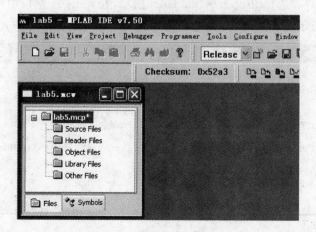

图 5-6　新建一个工程文件

3. 编辑编译汇编源文件

(1) 选择 MPALAB IDE 的菜单 File→New 选项,在新建文件中编辑 C 语言源代码,完成后将其保存为 lab5.c,并添加到工程中,如图 5-7 所示。

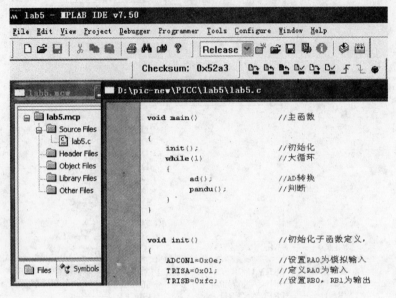

图 5-7　添加新文件

在程序中需要做的工作如下:

① 设定 CCP1 模块,使之产生频率 880Hz、占空比 50% 的 PWM 输出波形,计算 PR2 和 CCPR1L 的值并设定之。

② 设置 TMR2 控制寄存器 T2CON 的值:使能 TMR2,预分频值为 16。

③ 编写程序,当按下与 RA4 引脚相连的按键时,通过 PWM 输出波形控制蜂鸣器响声;反之,当松开该按钮时,蜂鸣器不响。

④ 尝试通过调节 PWM 波占空比的大小,从而调节蜂鸣器响声的大小。

(2) 编译源文件。选择 Project→Build All 选项,在 Output 窗口中可以看到编译进度和结果,如图 5-8 所示。

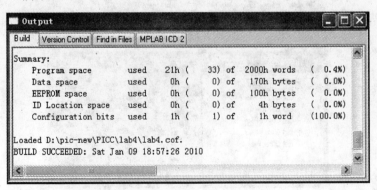

图 5-8　编译结果

（3）配置硬件。分别按照下面的步骤配置相关的硬件：

① 将 ICD 2 通过电缆连接到计算机上。

② 给 PIC Study v1.0 实验板供电。

③ 将 ICD 2 连接到 PIC Study v1.0 实验板上。

（4）选择 MPALAB IDE 的 Debugger→Select Tool→MPLAB ICD 2 选项，弹出如图 5-9 所示的窗口。

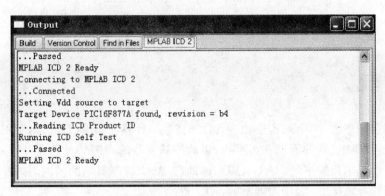

图 5-9　选中 MPLAB ICD 2

（5）进入 MPLAB ICD 2 Setup Wizard 界面，按照实验 2 的步骤进行设置。

（6）设置芯片的配置字（方法同实验 2）。

（7）下载代码到 PIC Study v1.0 实验板，如图 5-10 所示。

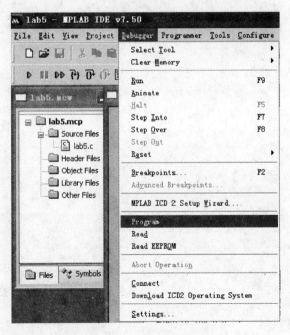

图 5-10　下载代码到实验板

（8）调试和运行。

（9）变量信息观察。观察变量信息界面如图 5-11 所示。

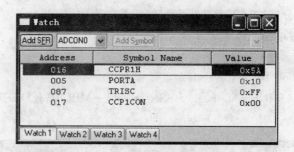

图 5-11   观察变量窗口

5.6   思考题

（1）设输出频率为 440Hz，占空比为 50％的波形，计算分频率、PR2、CCPR1L 的值。

（2）改变 PWM 波形的周期和占空比，以改变蜂鸣器的音调。

（3）（选做）要求当按下与 RA4 引脚相连的按键时，扬声器响的同时，接在 RB0 引脚上的灯点亮；当松开该按键时，扬声器不响，RB0 灯熄灭。

5.7   实验报告内容及要求

实验报告内容应包括实验目的、实验内容、实验设备、实验步骤以及心得体会，并按要求完成上面的思考题。

实验 6

数码管显示实验

6.1 实验目的

(1) 掌握 PIC 单片机的 I/O 口输出特性和使用方法。
(2) 了解数码管的内部结构,掌握数码管动态扫描的原理和方法。
(3) 掌握数码管动态扫描的电路接口设计和程序编写。

6.2 实验内容

数码管动态扫描:控制 4 个数码管分别轮流显示"1"、"2"、"3"、"4"4 个字符。

6.3 实验所用仪表及设备

(1) 硬件:PC 一台、在线仿真调试器 MPLAB ICD 2、PIC Study v1.0 实验板。
(2) 软件:MPLAB IDE 集成开发软件。

6.4 实验原理

1. 8 段数码管原理图

数码管是单片机嵌入式系统中经常使用的显示器件。最常用的是 7 段式和 8 段式 LED 数码管,8 段式比 7 段式多一个小数点,其他的基本相同。所谓的 8 段就是指数码管里有 a、b、c、d、e、f、g、p 8 个 LED 发光二极管,如图 6-1(a)所示。通过控制不同 LED 的亮灭来显示出不同的字形。数码管又分为共阴极和共阳极两种结构形式,其实共阴极就是将 8 个 LED 的阴极连在一起,让其接地,这样任何一个 LED 的另一端接高电平,它便能点亮。而共阳极就是将 8 个 LED 的阳极连在一起,其原理图分别如图 6-1(b)和图 6-1(c)所示。

2. 多位数码管的显示

在实际应用中,比如要显示时间、温度、转速等,经常需要多位 8 段数码管同时显示。多位数码管显示电路按驱动方式可分为静态显示和动态显示两种方法。

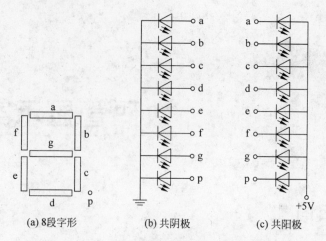

图 6-1　8 段数码管电路原理图

采用静态显示方式时,所有的数码管都处于通电发光状态。静态显示的优点是:显示稳定、亮度高、程序设计相对简单;缺点是:占用硬件资源过多(如 I/O 口、驱动锁存电路等)、功耗大。

在多位 8 段数码管显示时,为了节约单片机的硬件引脚,通常将所有位的段选线并联在一起,由单片机的一个 8 位口控制,形成段选线的多路复用。而各位数码管的共阳极或共阴极分别由单片机其他的 I/O 引脚控制,顺序循环地点亮每位数码管,这样的数码管驱动方式称为"动态扫描"。在这种显示方式中,虽然每一时刻只选通一位数码管,但是由于人眼具有视觉暂留效应,只要延时时间设置合适,看上去多位数码管同时被点亮。在动态扫描显示方式中,数码管的亮度同 LED 点亮导通时的电流大小、每一位点亮的时间和扫描间隔时间三个因素有关。动态扫描的优点是:占用硬件资源少(如 I/O 口、驱动锁存电路等)、功耗低;缺点是:显示稳定性不易控制,程序设计相对复杂。在本实验的综合实验中,采用两个4 位一体的 8 段数码管,其显示驱动就是采用动态扫描方法。4 位一体 8 段数码管动态扫描电路原理图如图 6-2 所示。

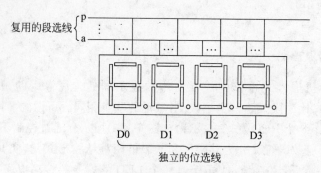

图 6-2　4 位一体 8 段数码管动态扫描电路原理图

在图 6-2 中,段选线占用 8 条 I/O 引脚,位选线占用 4 条 I/O 引脚,由于各位的段选线并联,在同一时刻,如果各位的位选线都处于选通状态时,4 位数码管将显示相同的字符。如果想让各位数码管显示不同的字符,就必须采用动态扫描方式,即各位的位选线轮流选通,在同一时刻,只能有一位数码管的位选线选通。

6.5　实验步骤

1. 硬件电路接线

在 PIC Study v1.0 实验板上,PIC16F877A 单片机芯片 PORTA 口的 RA0～RA3 引脚作为 4 位位选线,PORTD 口的 RD0～RD7 引脚作为 8 位段选线,其硬件电路如图 6-3 所示。

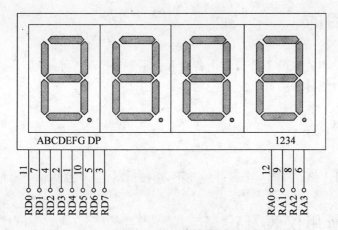

图 6-3　数码管接线图

2. 新建工程

参考实验 1 新建一个工程文件 lab6. mcp,并保存(步骤略)。

3. 编辑编译汇编源文件

参考实验 5,步骤略。

6.6　思考题

(1) 请叙述数码管动态扫描原理。
(2) 实现数码管动态扫描的编程要点有哪些?

6.7　实验报告内容及要求

实验报告内容应包括实验目的、实验内容、实验设备、实验步骤以及心得体会,并按要求完成上面的思考题。

实验 7

按键控制实验

7.1 实验目的

（1）掌握 PIC 单片机的 I/O 口输出特性和使用方法。
（2）掌握按键消抖方法。

7.2 实验内容

分别用按键 K1、K2 控制 4 个红灯的亮灭，用按键 K3、K4 控制 4 个绿灯的亮灭。

7.3 实验所用仪表及设备

（1）硬件：PC 一台、在线仿真调试器 MPLAB ICD 2、PIC Study v1.0 实验板。
（2）软件：MPLAB IDE 集成开发软件。

7.4 实验原理

按键分为触点式和非触点式两种，单片机系统中应用的按键一般是由机械触点构成的，如图 7-1 所示。

当开关 S 未被按下时，相当于输入一个高电平；当开关 S 被按下时，相当于输入一个低电平。由于按键是机械触点，当机械触点断开和闭合时会产生抖动，因此，实际输入的波形如图 7-2 所示。这种抖动持续时间一般为毫秒级，对人来说微不足道，而且也感觉不到，但对计算机来说，则完全可以感应到，因为计算机处理的速度是微秒级的，对于计算机来说，这已是一个十分"漫长"的时间了。在有抖动的情况下，其实只按了一次键，可是计算机却已执行了多次中断服务。

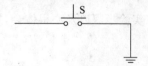

图 7-1　键盘示意图

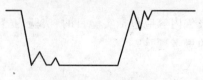

图 7-2　输入波形

为了使 CPU 能够正确地读出按键的状态,对每一次按键只作一次响应,就必须采取适当的措施来消除抖动。按键消除抖动通常有两种方法,即硬件消抖和软件消抖。在单片机系统中常用软件消抖法。

软件消抖的方法是:在单片机第一次检测到一个键被按下(即输入低电平)后,不是立即确认该键已被按下,而是延时 10ms 或更长时间后再去检测输入,如果输入仍然为低电平,则表明该键的确被按下,否则表示该键未被按下,这其实是避开了按键按下时的抖动时间。同理,在单片机检测到按键释放(即输入高电平)后,再延时 5～10ms,以消除后沿的抖动,然后再对键值进行处理。

7.5　实验步骤

1. 硬件电路接线

在 PIC Study v1.0 实验板上,PIC16F877A 单片机芯片 PORTB 口的 RB0～RB3 引脚分别接 K1、K2、K3 和 K4(即排针 P5),PORTD 口的 RD0～RD7 引脚分别接 8 个发光二极管。用 K1、K2 分别控制 4 个红灯的亮灭,K3、K4 分别控制 4 个绿灯亮灭。发光二极管电路接线如图 7-3 所示。

2. 新建工程

参考实验 1 新建一个工程文件 lab7.mcp,并保存(步骤略)。

3. 编辑编译汇编源文件

参考实验 5,步骤略。

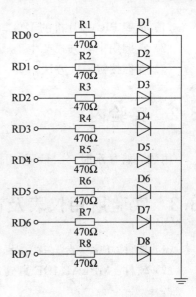

图 7-3　发光二极管接线图

7.6　思考题

(1) 为什么要进行按键消抖? 请叙述其原理和方法。

(2) 按键消抖的编程要点有哪些?

(3) (选做)实现用一个按键控制一个数码管从"0"到"9"循环显示:数码管初始显示"0",每按一次按键,数码管显示值自动加 1。

7.7　实验报告内容及要求

实验报告内容应包括实验目的、实验内容、实验设备、实验步骤以及心得体会,并按要求完成上面的思考题。

数字钟实验

8.1 实验目的

(1) 掌握 PIC 单片机的 I/O 口输出特性和使用方法。
(2) 掌握用中断方式产生 1s 延时的原理。
(3) 掌握按键输入方法。

8.2 实验内容

用数码管显示时、分、秒，并用按键 K1、K2、K3、K4 实现时和分的设定。

8.3 实验所用仪表及设备

(1) 硬件：PC 一台、在线仿真调试器 MPLAB ICD 2、PIC Study v1.0 实验板。
(2) 软件：MPLAB IDE 集成开发软件。

8.4 实验原理

1. 8 段数码管动态扫描原理和方法

8 段数码管动态扫描原理和方法请参照实验 6。

2. 按键消抖原理和方法

按键消抖原理和方法请参照实验 7。

8.5 实验步骤

1. 硬件电路接线

在 PIC Study v1.0 实验板上，PIC16F877A 单片机芯片 PORTB 口的 RB0～RB7 引

脚分别接 8 位位选线,PORTD 口的 RD0~RD7 引脚分别接 8 位段选线,PORTA 口的 RA0~RA3 引脚分别接 K1、K2、K3、K4 4 个按键(即排线 P5),其数码管接线电路如图 8-1 所示。

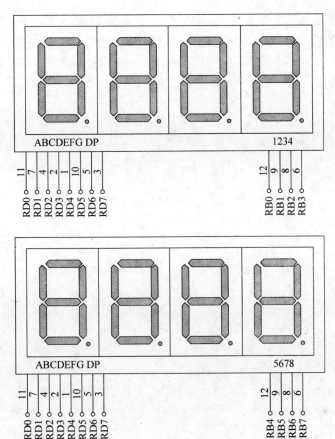

图 8-1　数码管接线图

2. 新建工程

参考实验 1 新建一个工程文件 lab8.mcp,并保存(步骤略)。

3. 编辑编译汇编源文件

参考实验 5,步骤略。

8.6　思考题

(1) 请叙述用中断方式产生 1s 延时的原理。

(2) 实现多位数码管动态扫描的编程要点有哪些?

(3) (选做)请为数字钟设定闹钟功能。

8.7　实验报告内容及要求

　　实验报告内容应包括实验目的、实验内容、实验设备、实验步骤以及心得体会,并按要求完成上面的思考题。

实验 9

LCD液晶显示实验

9.1 实验目的

(1) 学习 LCD1602 液晶显示的工作原理。

(2) 学会在 LCD1602 液晶显示屏上显示单个字符。

(3) 学会在 LCD1602 液晶显示屏上分别显示英文和数字字符串。

9.2 实验内容

(1) 编程实现用 LCD1602 显示单个字符。

(2) 编程实现用 LCD1602 显示英文字符串。

(3) 编程实现用 LCD1602 显示数字字符串。

9.3 实验所用仪表及设备

(1) 硬件:PC 一台、在线仿真调试器 MPLAB ICD 2、PIC Study v1.0 实验板、LCD1602 液晶显示模块。

(2) 软件:MPLAB IDE 集成开发软件。

9.4 实验原理

9.4.1 LCD 显示模块介绍

本实验使用的是 PIC Study v1.0 实验板上的 LCD1602 液晶显示模块,型号为 HS1602A v1.0。下面对 LCD1602 模块的显示特性、物理特性、外形尺寸及内部结构等进行介绍。

1. 显示特性

(1) 单一 5V 电源电压,功耗低、寿命长、可靠性高。

（2）内置 192 种字符（160 个 5×7 点阵字符和 32 个 5×10 点阵字符）。

（3）具有 64 个字节的自定义字符 RAM，可自定义 8 个 5×8 点阵字符或 4 个 5×11 点阵字符。

（4）显示方式：1/16Duty（占空比），1/5Bias（偏亚比）。

（5）通信方式：4 位或 8 位并口可选。

（6）背光方式：底部 LED。

2. 物理特性

LCD1602 显示模块的物理特性如表 9-1 所示。

表 9-1　1602 模块物理特性		
外形尺寸	80×36×14	单位
可视范围	64.6(W)×16.0(H)	mm
显示容量	16 字符二行	
点尺寸	0.55×0.75	mm
点间距	0.08	mm

3. 外形尺寸

LCD1602 显示模块的外形尺寸如图 9-1 所示，单位为 mm。

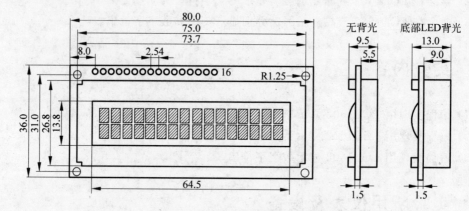

图 9-1　LCD1602 模块外形尺寸图

4. 内部结构及接口定义

LCD1602 模块的内部结构由 LCD 控制器（LCD Controller）、LCD 显示屏（LCD Panel）、列驱动器（Segment driver）及偏压产生电路组成，如图 9-2 所示。从图 9-2 可以看出，该 LCD 电路模块有 16 个引脚，其详细定义如表 9-2 所示。

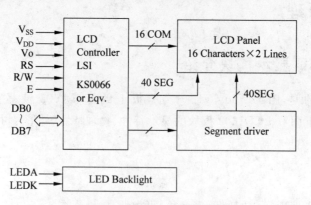

图 9-2　LCD1602 内部结构图

表 9-2 LCD1602 模块引脚定义

引脚号	符　号	功　　　能	备　　注
1	V$_{SS}$	电源地（GND）	
2	V$_{DD}$	电源电压（+5V）	
3	V$_O$	LCD驱动电压（可调）	
4	RS	用来选择数据或命令操作,RS＝1表示数据操作；RS＝0表示命令操作,当MPU进行写模块操作时,指向指令寄存器；当MPU进行读模块操作时,指向地址计数器	
5	R/W	读写控制输入端：R/W＝0为写操作,R/W＝1为读操作	
6	E	使能信号输入端：读操作时,高电平有效；写操作时,下降沿有效	
7～14	DB0～DB7	8位数据输入输出口	4位方式通信时,不使用DB0～DB3
15	LEDA	背光的正端+5V	
16	LEDK	背光的负端0V	

9.4.2 LCD1602 显示模块操作步骤

1. 初始化 LCD

初始化LCD包括5项任务,分别是设置成8位数据总线、显示使能、清空显示、进入等待操作模式及设置DDRAM初始地址为0。DDRAM就是显示数据RAM,用来寄存待显示的字符代码,共80个字节,在LCD1602中每一行只用前16个字节。DDRAM地址是指字符的位置,其定义如表9-3所示。

表 9-3 DDRAM 地址定义表

显示位置		1	2	3	4	5	6	7	…	40
DDRAM地址	第一行	00H	01H	02H	03H	04H	05H	06H	…	27H
	第二行	40H	41H	42H	43H	44H	45H	46H	…	67H

初始化的每一步操作都是找出对应的指令在RS＝0、R/W＝0的状态下,通过DB0～DB7写入,其指令表如表9-4所示。根据表9-4可以查到初始化的指令依次为00101000,00001101,00000001,00000110,10000000。

2. LCD 模块的写操作

LCD模块的写操作步骤是：首先设置R/W为低电平,定义为写状态；然后通过DB0～DB7写入待写入字节。

如果写入的是数据,则会在给定的DDRAM地址位置显示该字符,并且DDRAM地址自动加1(注意每一行的最后一个字符的DDRAM地址变化,第二行起始地址需重新设置)。另外,可以通过在RS＝0的状态下写入10000000或者11000000来选择是第一行或者第二行。因为DDRAM地址为40H时正好是第二行第一个字符。

表 9-4　指令表

指　令	代码										执行时间 $f_{osc}=250\text{kHz}$ （max）
	RS	R/W	DB7	DB6	DB5	DB4	DB3	DB2	DB1	DB0	
清屏	0	0	0	0	0	0	0	0	0	1	1.64ms
光标返回	0	0	0	0	0	0	0	0	1	*	1.64ms
设置输入模式	0	0	0	0	0	0	0	1	I/D	S	40μs
显示开/关控制	0	0	0	0	0	0	1	D	C	B	40μs
光标或字符移位	0	0	0	0	0	1	S/C	R/L	*	*	40μs
设置功能	0	0	0	0	1	DL	N	SD1	SD2	CD	40μs
设置字符发生器地址	0	0	0	1	字符发生器地址（AGG）						40μs
设置数据存储器地址	0	0	1	显示数据存储器地址（ADD）							40μs
读忙标志或地址	0	1	BF	计数器地址（AC）							40μs
写数据到 CGRAM 或 DDRAM	1	0	要写的数据								40μs
从 CGRAM 或 DDRAM 读数据	1	1	读出的数据								40μs

I/D=1：光标右移　I/D=0：光标左移
S=1：全部显示向右或向左移位
S/C=1：移动显示的文字
S/D=0：光标移动
R/L=1：右移　R/L=0：左移
DL=1：8 位总线　DL=0：4 位总线
N=1：双行显示　N=0：单行显示
BF=1：忙　BF=0：准备就绪
CD=0：COM1→COM16
CD=1：COM16→COM1
SD1=0：SD2=0：SEG1→SEG50→SEG51→SEG80

3. LCD 模块的读操作

LCD 模块的读操作步骤与写操作相似，首先设置 R/W 为高电平，定义为读状态；然后通过 DB0～DB7 读取 DDRAM 地址指向的 8 位字符数据。

需要说明的是，写和读的内容格式都是 ASCII 码。

9.5　实验步骤

1. 硬件电路接线

本实验的硬件电路如图 9-3 所示。在 PIC Study v1.0 实验板上，PIC16F877A 与 LCD 模块直接相连。其中 PIC16F877A 的 RA3 连接 LCD1602 模块的 E 引脚，RA2 连接 R/W 引脚，RA1 连接 RS 引脚，RD0～RD7 连接 DB0～DB7。

2. 软件设计内容

（1）编程实现用 LCD 显示单个字符"A"。

（2）编程实现用 LCD 显示英文字符串"WELCOM IN"。

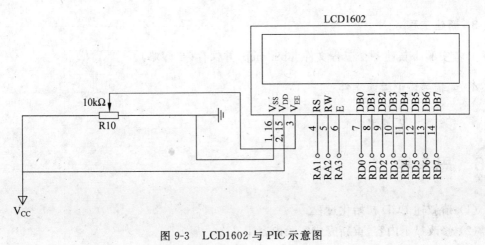

图 9-3　LCD1602 与 PIC 示意图

（3）编程实现用 LCD 显示数字字符串"24:00"。

系统主程序流程如图 9-4 所示。

初始化子程序又包括 I/O 初始化子程序和 LCD 液晶初始化子程序两部分，其程序流程如图 9-5 所示。

图 9-4　系统主程序流程图

图 9-5　初始化子程序流程图

写数据子程序流程如图 9-6 所示。

写指令子程序流程如图 9-7 所示。

图 9-6　写数据子程序流程图

图 9-7　写指令子程序流程图

3. 新建工程

参考实验 1 新建一个工程文件 lab9.mcp,并保存(步骤略)。

4. 编辑编译汇编源文件

参考实验 5,步骤略。

9.6 思考题

(1) 请叙述 LCD 初始化过程。

(2) 修改显示内容,重新完成实验内容 1、2、3。

(3)(选做)编程实现从右向左移动显示数据。

9.7 实验报告内容及要求

实验报告内容应包括实验目的、实验内容、实验设备、实验步骤以及心得体会,并按要求回答上面的思考题。

实验 10

单片机测温系统实验

10.1 实验目的

（1）熟悉智能温度传感器 DS18B20 的工作原理及应用方法。
（2）学习单总线数据传送技术原理。
（3）熟悉单片机测温系统的原理。
（4）设计和实现一个温度测量显示系统。

10.2 实验内容

用温度传感器 DS18B20 测量环境温度，并用数码管显示温度值的大小。

10.3 实验所用仪表及设备

（1）硬件：PC 一台、在线仿真调试器 MPLAB ICD 2、PIC Study v1.0 实验板。
（2）软件：MPLAB IDE 集成开发软件。

10.4 实验原理

1. DS18B20 温度传感器简介

　　DS18B20 是美国达拉斯（Dallas）公司最新推出的一种可组网单总线数字温度传感器芯片，与传统的热敏电阻不同，DS18B20 可直接将被测温度转换为串行数字信号供单片机处理。测温范围为 $-55 \sim +125℃$，且在 $-10 \sim +85℃$ 之间精度为 $\pm 0.0625℃$，可以通过程序设定 9～12 位的分辨率。DS18B20 通过一个单线接口发送或接收信息，因此在单片机和 DS18B20 之间仅需一条连接线（加上地线），用于读写和温度转换的电源可以从数据线本身获得，无须外部电源。因此它的实用性和可靠性比同类产品更高。另外，每片 DS18B20 都有一个独特的片序列号，所以多片 DS18B20 可以同时连接到一根单线总线上，这一特性在 HVAC 环境控制、探测建筑物、仪器或机器的温度以及过程检测和控制等方面非常有用。

DS18B20 有 TO-92 和 SOIC（表面贴片）两种封装形式，本实验采用 TO-92 封装的 DS18B20，其引脚排列如图 10-1 所示。

由图 10-1 可见，DS18B20 只有一个数据输入输出口，属于单总线专用芯片之一。 DS18B20 工作时被测温度直接以"单总线"的数字方式传输，大大提高了系统的抗干扰能力。

DS18B20 与单片机的接口简单，只需将其数据线与单片机的一位双向端口引脚相连即可，数据线与 V_{CC} 之间需接一个 4.7kΩ 的上拉电阻，DS18B20 与单片机芯片的连接如图 10-2 所示。

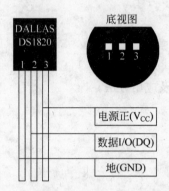

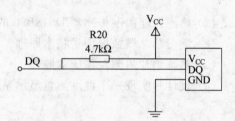

图 10-1　TO-92 封装的 DS18B20 的引脚排列　　　图 10-2　DS18B20 与单片机连接图

2. DS18B20 测温原理

单片机与外设之间数据传输常用的是 I^2C 总线（采用同步串行两线：时钟线、数据线）和 SPI 总线（采用同步串行三线）。DS18B20 采用单总线技术，既可以传输时钟，又可以双向传输数据。单总线技术适用于单主机系统，单主机能够控制多个从机设备，它们之间的控制和数据交换都由这根线完成。由于只有一根线通信，所以必须采用严格的主从结构，只有当主机呼叫从机时，从机才能应答，主机访问每个单线期间必须严格遵循单线命令的序列，如果命令序列混乱，单线器件不会响应主机。

DS18B20 的核心功能部件是数字温度传感器，其分辨率可配置为 9 位、10 位、11 位和 12 位，对应的温度值分辨率分别为 0.5、0.25、0.125 和 0.0625。默认设置为 12 位分辨率，在本系统中采用默认的 12 位分辨率，对应的温度值分辨率为 0.0625，最多可在 750ms 内把温度值转换为数字值。温度信息的低位、高位字节内容中，还包括了符号位 S（是正温度还是负温度）和二进制小数部分，具体形式如图 10-3 所示。

这是 12 位分辨率的情况，如果配置为低的分辨率，则其中无意义位为 0。温度和数据对应关系如表 10-1 所示，表中 t 为温度。

在 DS18B20 完成温度变换之后，温度值与储存在 TH 和 TL 内的报警触发值进行比较。由于是 8 位寄存器，所以 9～12 位在比较时忽略；TH 或 TL 的最高位直接对应于 16 位温度寄存器的符号位。如果温度测

低位字节：

2^3	2^2	2^1	2^0	2^{-1}	2^{-2}	2^{-3}	2^{-4}

MSB　　　　　　　　　　　　LSB

高位字节：

S	S	S	S	S	2^6	2^5	2^4

MSB　　　　　　　　　　　　LSB

图 10-3　温度存储形式

量的结果高于 TH 或低于 TL,那么器件内报警标志将置位,每次温度测量都会更新此标志。只要报警标志置位,DS18B20 就将响应报警搜索命令,允许单线上多个 DS18B20 同时进行温度测量,即使某处温度越线,也可以识别出正在报警的器件。

DS18B20 的工作遵循严格的单总线协议。主机首先发复位脉冲,使信号线上的 DS18B20 芯片复位,接着发送 ROM 操作命令,使序列号编码匹配的 DS18B20 被激活,准备接下面的内存访问命令。内存访问命令控制被选中的 DS18B20 的工作状态,完成整个温度转换、读取等工作,由于本系统只设置了一个温度传感器故无需设置测温点数。

表 10-1 温度和数据的对应关系

t/℃	数据输出(二进制)	数据输出(十六进制)
+125	00000111 11010000	07D0H
+25.0625	00000001 10010001	0191H
+1/2	00000000 00001000	0008H
0	00000000 00000000	0000H
−1/2	11111111 11111000	FFF8H
−25.0625	11111110 01101111	FF6FH
−55	11111100 10010000	FC90H

10.5 实验步骤

1. 硬件电路接线

本实验的硬件电路如图 10-4 所示。其中将 DS18B20 模块的 DQ 引脚通过跳线 J8 连接到 PIC16F877A 单片机的 RE1 引脚,RA0~RA3 连接 4 位一体数码管的 4 位位选线,RD0~RD7 连接 4 位一体数码管的 8 位段选线。

2. 软件设计

本实验的总程序流程如图 10-5 所示,主要包括初始化子程序、测温子程序及显示子程序。其中测温子程序流程如图 10-6 所示。

3. 新建工程

参考实验 1 新建一个工程文件 lab10.mcp,并保存(步骤略)。

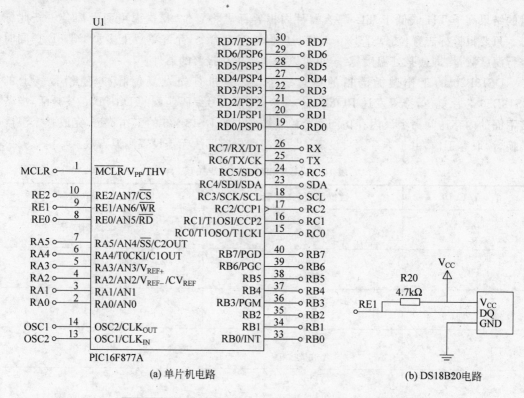

(a) 单片机电路

(b) DS18B20电路

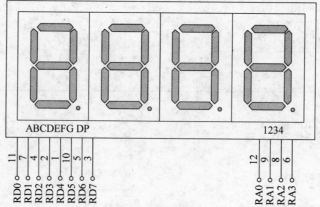

(c) 数码管显示电路

图 10-4　测温系统硬件电路原理图

图 10-5　总程序流程图

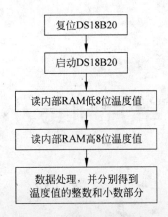

图 10-6 测温子程序流程图

4. 编辑编译汇编源文件

参考实验 5,步骤略。

10.6 思考题

(1) 简述 DS18B20 的测温原理。

(2) 简述单总线数据传送技术原理。

(3) (选做)用 PIC Study v1.0 实验板设计和实现一个温度测量 LCD 显示系统,用 DS18B20 温度传感器测量室内温度,并用 LCD1602 液晶显示屏显示所测的温度值。

10.7 实验报告内容及要求

实验报告内容应包括实验目的、实验内容、实验设备、实验步骤以及心得体会,并按要求回答上面的思考题。

实验 11

单片机最小系统实验

11.1 实验目的

(1) 熟悉单片机最小系统的基本构成。
(2) 学会单片机系统的软硬件设计。
(3) 学会单片机程序的烧写。

11.2 实验内容

设计一个单片机最小系统的硬件电路原理图,按照原理图焊接相应元件,在设计制作的单片机硬件系统上运行一段软件程序,使连接在 RC4、RC5、RC6 引脚上的 3 个发光二极管轮流闪烁。

11.3 实验所用仪表及设备

(1) 硬件:PC 一台,在线调试器 MPLAB ICD 2,PIC16F877A 单片机芯片一片,4～20MHz 晶振一块,7805 集成稳压电源芯片一片,下载口一个,电阻、电容若干。
(2) 软件:MPLAB IDE 集成开发软件。

11.4 实验原理

一个单片机最小系统要想能够正常运行程序,其硬件部分至少应该包括一个单片机芯片、一个稳压电源模块、一个晶振模块及一个下载口,也可以外加一个复位电路和一些简单外围电路,本实验要求在 PIC16F877A 单片机芯片的 RC4～RC6 引脚上分别连接 3 个发光二极管。系统中各模块的电路原理图叙述如下。

1. 稳压电源模块

稳压电源模块用来为单片机系统提供稳定的工作电压。由于 7805 集成稳压模块具有稳压精度高、工作稳定可靠、外围电路简单、体积小、重量轻等显著优点,在各种电源电路中得到了普遍的应用。故本系统也选用 7805 稳压电源,并接有滤波电容及指示灯。

系统工作电压为+5V,分别接 PIC16F877A 单片机芯片的第 11 引脚和第 32 引脚 V_{DD};同时,单片机芯片的第 12 引脚和第 33 引脚 V_{SS} 接地,为了防止外接电源极性接反,可用二极管 D2 来保护。其电路原理可参考图 11-1。

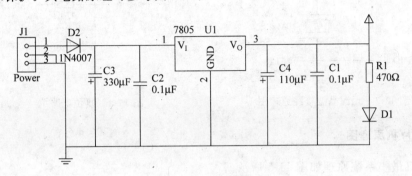

图 11-1　稳压电源电路

2. 晶振模块

晶振模块用来为单片机系统提供一个可靠、精确的时钟信号。PIC16F877A 单片机的工作频率范围是 DC-20MHz,时钟信号由 PIC 的第 13 引脚 CLK_{IN} 输入。

晶振模块有两种选择方案:一种是有源晶振;一种是无源晶振。

有源晶振特点是信号质量好,比较稳定,连接方式相对简单,不需要复杂的配置电路。在此,以 KOAN 10MHz J19B5 RC 系列的 10MHz 有源晶振模块为例。该模块共有 4 个引脚,其接法为第 1 引脚悬空、第 2 引脚接地、第 3 引脚输出时钟信号接到 PIC 的第 13 引脚 CLK_{IN},第 4 引脚为工作电压,接到+5V,其引脚接线如图 11-2 所示。

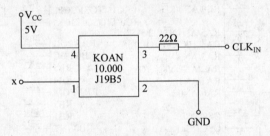

图 11-2　有源晶振接线原理图

无源晶振特点是可以适用于多种不同时钟信号电压要求,而且价格通常也较低,适合于产品线丰富、批量大的生产者。无源晶振的缺点是信号质量较差,通常需要精确匹配外围电路。无源晶振有 2 个引脚,其接线如图 11-3 所示。

3. 复位电路

复位是单片机系统的一项基本操作,通常在系统开始运行之前或者系统陷入某个死循环时,需要进行复位操作,以确保系统能够正常运行。PIC16F877A 单片机芯片的第 1 引脚 $\overline{MCLR}$ 用来接收外部输入的人工复位信号,复位电路原理如图 11-4 所示。

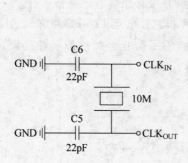

图 11-3　无源晶振接线原理图

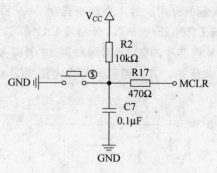

图 11-4　复位电路

4．单片机原理图

单片机最小系统原理如图 11-5 所示。

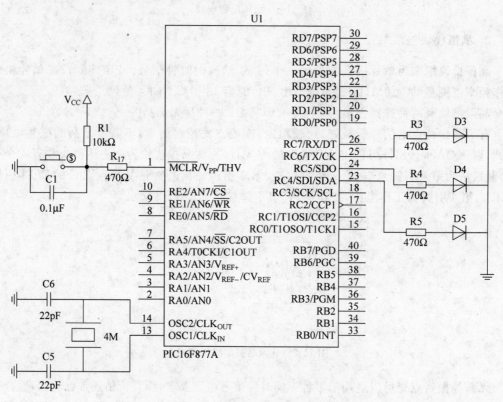

图 11-5　单片机最小系统原理图

11.5　实验步骤

（1）参考如图 11-1～图 11-5 所示的硬件电路，设计单片机最小系统的硬件电路原理图。

（2）按照设计好的硬件电路原理图在电路板上焊接所有元器件。

（3）编写相关程序，实现用程序去控制接在 RC4、RC5 及 RC6 引脚上的 3 个发光二极管轮流闪烁。

（4）将调试、编译好的可执行程序下载到上面制作好的单片机最小系统中，调试并运行，观察实验现象。若能够使 RC4、RC5、RC6 引脚上的发光二极管闪烁，说明单片机最小系统已经成功实现。否则，需要对电路板进行检查，检查是否有虚焊或者焊接错误的地方，待单片机最小系统正常后，方可进行后面的实验。

11.6 思考题

（1）在电路板上制作下载口时应该注意哪些问题？

（2）使用 ICD 2 调试器进行硬件调试和程序下载过程中遇到哪些问题？分别是如何解决的？

11.7 实验报告内容及要求

实验报告内容应包括实验目的、实验内容、实验设备、实验步骤以及心得体会，并按要求回答上面的思考题。

实验 12

电子密码锁实验

12.1 实验目的

(1) 掌握键盘结构原理。
(2) 掌握 LED 数字显示及接口设计方法。
(3) 掌握单片机输入输出接口扩展技术。
(4) 熟悉单片机系统的开发过程。

12.2 实验内容

用 PIC 单片机、4×4 键盘和 4 位数码管设计一个电子密码锁。

12.3 实验所用仪表及设备

(1) 硬件：PC 一台，在线调试器 MPLAB ICD 2，PIC16F877A 单片机芯片一片，4～20MHz 晶振一块，7805 集成稳压电源芯片一片，下载口一个，4×4 键盘一只，4 位数码管一块，电阻、电容若干。
(2) 软件：MPLAB IDE 集成开发软件。

12.4 实验原理

键盘、显示器与单片机的组合应用相当多，密码锁就是其中一例。电子密码锁用途较广，如保险柜、密码箱、高级轿车等。电子密码锁主要由键盘输入与 LED/LCD 输出两个模块组成，虽然结构简单，但却涵盖了单片机最基本的应用，对于初次用单片机做应用开发的学生来说，是一个非常理想的综合设计实验。

要求密码锁应该具有如下功能：

密码的键盘输入及显示输出(LED 数码管)功能、密码的修改功能、密码的判断及做出相应响应(上锁、开锁、报警)的功能。

矩阵式键盘适用按键数量较多的场合，它由行线和列线组成，按键位于行、列的交叉点上,矩阵式键盘也称为行列式键盘。一个 M 行 N 列的矩阵结构只需 M 条行线和 N 条列线即可构成 M×N 个按键的键盘。显然在按键数目比较多的场合,矩阵键盘与独立式按键键盘相比,可以节省很多 I/O 口。

1. 矩阵式键盘工作原理

矩阵式键盘结构中,每个按键均设置在行线和列线的交叉点上,行线和列线分别连接到按键开关的两端。列线通过上拉电阻接到+5V 上,平时无按键动作时,列线处于高电平状态。当有按键按下时,列线电平状态将受到与此列线相连的行线电平的影响:如果此时行线电平为低,则列线电平为低;如果行线电平为高,则列线电平亦为高。这是识别矩阵键盘按键是否被按下的关键点。矩阵键盘中行线和列线为多键共用,各按键均影响该键所在行和列线的电平,各按键彼此将互相发生影响,所以必须将行、列线信号配合起来并作适当的处理,才能确定闭合键的具体位置。

2. 按键识别

矩阵式键盘常用的按键识别方法有行扫描法和线反向法。

(1) 行扫描法

矩阵键盘按键的行扫描识别方法主要分为两步进行:

① 识别键盘有无键被按下。

② 如果有键被按下,应做延时消除抖动处理后,再识别出具体的按键。

识别键盘有无键被按下的方法是:让所有行线均输入为 0 电平,检查各列线输入电平是否为全"1"。如果全为"1",则说明无按键被按下,反之则说明有按键被按下。

识别具体按键的方法也称为行扫描法:逐行置 0 电平,检查各列线电平的状态,此时如果读得某列电平变为零,则可以确定此列与当前输出为零的行的交叉点上的按键被按下,即获得了被按下键所处的行号和列号,根据行、列位置信息便可得到当前按键的位置或键号。

(2) 线反向法

线反向法较为简单,无论被按键是处于第几列,均只需经过两步便能获得此键所在的行列值。

采用线反向法的基本原理是在两个操作步骤中分别将行和列的输入输出关系对调,以分别方便地获取被按键所在的列号和行号信息,线反向法有以下两个具体操作步骤。

① 将列线编程为输入线,行线编程为输出线,并使输出线输出全为零电平,则列线中电平变为低所在的列就是被按下的键所在的列,即获得列号。

② 同第一步相反,将列线编程为输出线,行线编程为输入线,并使输出线输出零电平,则行线中电平变为低所在的行就是被按下的键所在的行,即获得行号。

由上述两步的结果,可以确定按键所在的行和列,从而识别出所按的键。

3. 键盘的编码

对于键盘中的每一个按键,分别给予一个特定的代码,称为键盘编码。对于独立式按键键盘,若按键数目较少,可根据实际需要灵活编码。而对于矩阵式键盘,按键的位置由行号和列号唯一确定,所以分别对行号和列号进行二进制编码,然后将二者合成为一个代码。

4. 键盘消抖问题

键盘消抖原理请参考实验 7。

12.5　实验步骤

12.5.1　系统硬件电路设计

整个系统硬件结构主要包括电源模块、晶振模块、复位模块、单片机模块、键盘输入模块及数码管显示模块。其中电源模块、晶振模块和复位模块的接线原理图可参考实验 9，在此主要介绍其他的几个模块。

1. 键盘输入模块

(1) 键位安排

图 12-1 是本次实验使用的 4×4 键盘的键位设置。其中 0～9 为数字键，按下一个数字键，返回相应键盘号到单片机，并在显示器上显示相应数字。A～F 为六个功能键，它们的功能定义如下。

- A 键：暂无定义。
- B 键：复位键，用来将系统复位。
- C 键：清零键。当用户密码输入的错误位数过多（未按"确认"键前）时，而用"退格"键修改比较烦琐，所以就设置了这个功能键。按下此功能键后，清除显示器显示，用户可以重新输入，但不会改变之前输入密码错误（已按"确认"键后）的次数。

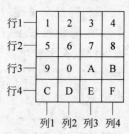

图 12-1　4×4 键盘键位

- D 键：退格键，用来修改已输入的密码。如：输入完 4 位密码后，发现第二位有输入错误，这时可以按两次"退格"键返回到第二位，修改该位的输入。
- E 键：修改密码键。密码锁在无用户修改密码的情况下有一个默认密码，用户可以根据自己的需求自行修改密码锁的密码。在密码修改状态下，"修改密码"键功能与"确认"键相同，都是将新的密码写入内存。
- F 键：确认键，相当于计算机键盘的回车键。输入完 4 位密码后，按"确认"键，单片机将用户输入的密码与单片机内存储的密码进行比较，并根据密码的正确或错误做出相应的回应。在密码修改状态下，当新的密码输入完毕后，按下"确认"键，单片机将新的用户密码保存到内存（系统重启后，密码仍有效）。

(2) 功能设计

密码锁启动后停留在密码输入状态，输入正确密码后（输入期间可以使用"退格"键或"清零"键进行修改）可以通过"确认"键进入密码判断并返回相应信息状态，或通过"修改密码"键进入密码修改状态。在密码修改状态，输入完新密码后，按"修改密码"键或"确认"键后退出到密码输入状态。

（3）接线原理

键盘模块的接线原理如图 12-2 所示。由于 PROTB 口有弱上拉功能，而且能够产生电平变化中断，所以比较适合接键盘。这里，选用 RB0～RB3 接键盘的 4 条行线，选用 RB4～RB7 接键盘的 4 条列线。

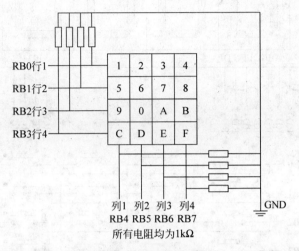

图 12-2　键盘接线原理图

2. 数码管显示模块

由于需要用 4 只数码管来显示密码，为方便接线，本系统采用 4 位连体共阳数码管显示模块，同时考虑到单片机引脚有限以及功耗问题，拟采用软件译码方式去驱动数码管显示。其接线原理如图 12-3 所示，其中用单片机的 RC0～RC3 引脚分别接数码管显示模块的 4 位位选线，用 RD0～RD7 引脚分别接数码管显示模块的 8 位段码 A、B、C、D、E、F、G 及 DP。

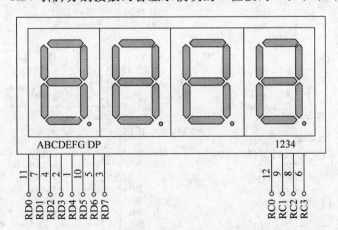

图 12-3　数码管显示模块接线原理图

3. 系统整体硬件电路

系统整体硬件电路如图 12-4 所示。

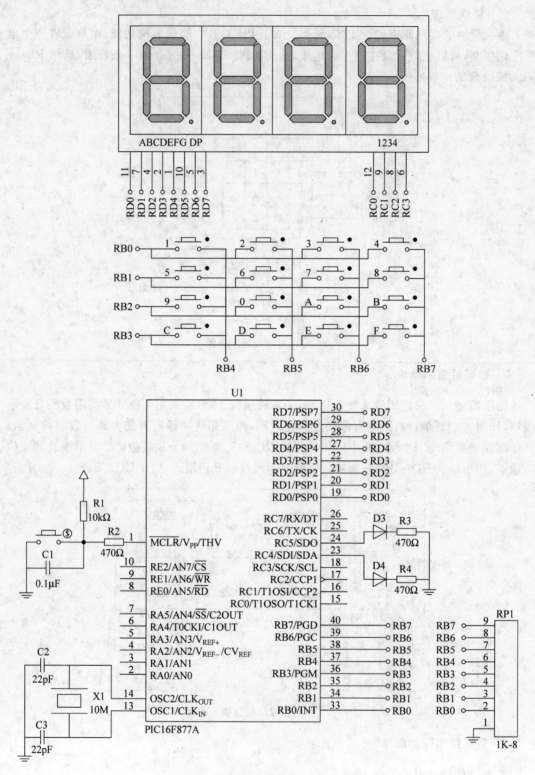

图 12-4　系统整体硬件电路原理图

12.5.2 系统软件设计

系统软件总体框图如图 12-5 所示。

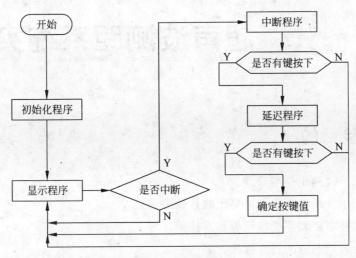

图 12-5 系统软件框图

12.6 思考题

（1）试画出系统详细的软件流程图。
（2）硬件设计过程中应注意哪些问题？
（3）系统联调过程中出现过哪些问题？分别是怎么解决的？

12.7 实验报告内容及要求

实验报告内容应包括设计目的、设计内容、设计所用仪表及设备、设计原理、设计步骤（包括软硬件设计方案、软件流程图、硬件原理图等）以及心得体会，最后要附上程序，并按要求回答上面的思考题。

超声波测距系统实验

13.1 实验目的

(1) 掌握超声波测距基本原理。
(2) 学会用单片机实现超声波测距的软硬件设计。
(3) 学会焊接电路和系统联调等基本技能。
(4) 熟悉单片机系统的开发过程。

13.2 实验内容

设计实现一个基于 PIC 单片机的超声波测距仪,其功能是:测量障碍物与测距仪之间的精确距离,并用数码管显示;当所测距离小于 20cm 时,蜂鸣器报警提示。

13.3 实验所用仪表及设备

(1) 硬件:PC 一台,在线调试器 MPLAB ICD 2,PIC16F877A,四位共阴 LED 数码管,DS18B20 温度传感器,超声波传感器一对,蜂鸣器一只,LM386 运放一只,电阻、电容等若干。
(2) 软件:MPLAB IDE 集成开发软件。

13.4 实验原理

超声测距是一种非接触式的检测方式。与其他方法相比,如电磁的或光学的方法,它不受光线、被测对象颜色等影响。对于被测物处于黑暗、有灰尘、烟雾、电磁干扰、有毒等恶劣的环境下有一定的适应能力。因此在液位测量、机械手控制、车辆自动导航、物体识别等方面有广泛应用。特别是应用于空气测距,由于空气中波速较慢,其回波信号中包含的沿传播方向上的结构信息很容易检测出来,具有很高的分辨力,因而其准确度也比其他方法更高。超声波传感器具有结构简单、体积小、信号处理可靠等特点。

超声波传感器的工作原理是陶瓷的压电效应。超声波传感器在测量过程中,声波信号由传感器发出,经液体或固体物体表面反射后折回由另一传感器接收,可以测量声波的整个运行时间,从而实现物体位置的测量。测距仪系统所用传感器是 ZR40-16 和 ZT40-16。超声波传感器采用声波反射原理,从而避免传感器直接与介质接触,实现非接触测量物位,这一点对固体散料、黏稠介质、固体和液体混合介质的物位测量非常重要。其最佳工作频率 40kHz,适于中程范围测量,最大量程 3.5m,盲区 10cm,该类传感器适应性强,可在 $-40\sim90℃$ 的环境下正常工作,散射角最大 15°。为测量更精确,鉴于声速受温度影响最大,系统同时采用了温度传感器 DS18B20。

1. 压电式超声波收发器原理

压电式超声波收发器是利用压电晶体的谐振来工作的。超声波收发器内部结构如图 13-1 所示,它由两个压电晶片和一个共振板组成。当它的两极外加脉冲信号,其频率等于压电晶片的固有振荡频率时,压电晶片将会发生共振,并带动共振板振动,便产生超声波。反之,如果两电极间未加电压,当共振板接收到超声波时,将压迫压电晶片作振动,将机械能转换为电信号,这时它就成为超声波接收器了。

2. 脉冲法测距原理

脉冲法测距的原理如图 13-2 所示。

首先超声波传感器向空气中发射声波脉冲,声波遇到被测物体反射回来,若可以测出第一个回波达到的时间与发射脉冲间的时间差 Δt,利用式(13-1)即可算得传感器与反射点间的距离 s:

$$s = \frac{1}{2} v \cdot \Delta t \tag{13-1}$$

式中,v 为声速,与环境温度有关。

图 13-2 中 h 大约为 0.05m,在测量距离较大时可以忽略不计。

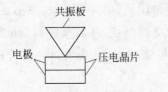

图 13-1 压电式超声波收发器内部结构图

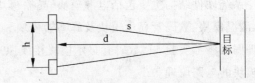

图 13-2 脉冲法测距原理图

3. 温度传感器

超声波在空气中的传输过程,受环境温度的影响比较大。声速与温度基本上存在一个线性的关系:$v = 331.4 + 0.6T$,其中 T 为摄氏温度。此系统采用温度传感器 DS18B20,在系统初始化之后首先测量温度,根据当前的温度值计算出相应的超声波传播速度,再根据声音速度测定距离。

4. 超声波测距仪工作原理

首先对温度传感器进行初始化,发送温度转换命令,接收温度传感器测得的温度,这个过程比较缓慢,大概需要 1s 的时间,并将温度值显示在数码管上,保持约 5s。利用测量的温度值计算出声速后,接下来进行距离的测量。首先发射 4 个周期的超声波脉冲,其频率为 40kHz,然后关闭发射器,打开定时器开始计时,等待接收反射波。当接收电路接收到反射波回波信号后,依次经放大、检波及整形,接收到的信号即为单片机可识别的信号,并立即产生一个中断。进入中断后,首先关闭定时器,此时定时器中的值就是超声波在这次测量中所花费的时间 Δt,利用 Δt 就可以计算出相应的距离了。

5. 超声波测距仪系统框图

超声波测距仪系统框图如图 13-3 所示。

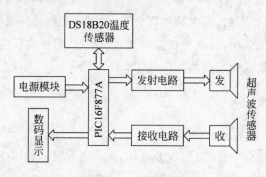

图 13-3　系统框图

13.5　实验步骤

13.5.1　系统硬件电路设计

系统硬件结构主要包括电源模块、晶振模块、复位模块、单片机模块、发射电路、接收电路、测温模块、数码管显示模块及蜂鸣器模块。其中电源模块、晶振模块和复位模块的接线原理图可参考实验 11,数码管显示模块接线原理图可参考实验 12,在此主要介绍其他的几个模块的电路原理。

1. 超声波发射电路

利用 PIC16F877A 单片机芯片中 CCP1 模块的 PWM 工作模式,产生频率为 40kHz 的矩形脉冲信号,经过放大后去驱动超声波发送器,使之产生超声波。超声波发射电路原理如图 13-4 所示。

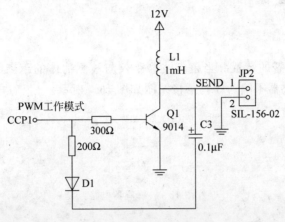

图 13-4　超声波发送电路

2. 超声波接收电路

超声波接收器接收到的信号需要经过放大器放大,在此建议使用 LM386 功率放大器,如图 13-5 所示,经过放大后的信号输出到 PIC16F877A 单片机芯片的 RB0/INT 引脚,去向 CPU 申请中断。

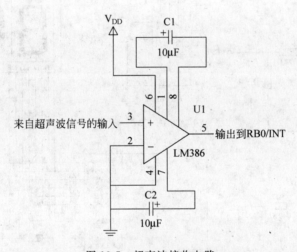

图 13-5　超声波接收电路

3. 测温模块

建议使用温度传感器 DS18B20 来测量环境温度,其接线原理如图 13-6 所示。

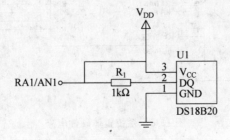

图 13-6　测温电路

4．蜂鸣器模块

蜂鸣器是用来报警的装置。当超声波测距仪与被测物体的距离小于 20cm 时,蜂鸣器报警提示;反之,蜂鸣器不响。蜂鸣器接线图如图 13-7 所示。

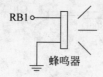

图 13-7   蜂鸣器电路

5．系统整体硬件电路

系统整体硬件电路如图 13-8 所示。

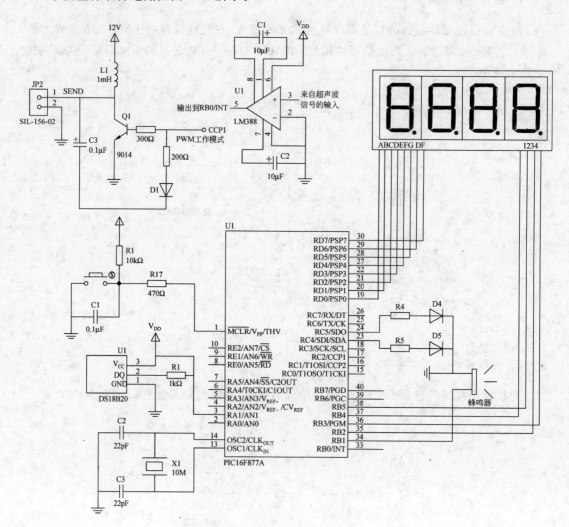

图 13-8   系统整体硬件电路

13.5.2　系统软件设计

系统软件框图如图 13-9 所示。

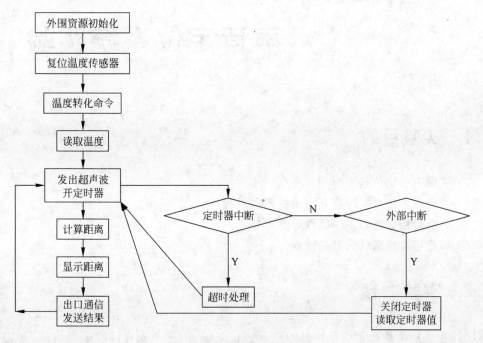

图 13-9　系统软件框图

13.6　思考题

（1）简述超声波测距原理。

（2）写出超声波测距系统软硬件制作过程。

（3）系统联调过程中出现过哪些软硬件问题？分别是怎么解决的？

13.7　实验报告内容及要求

实验报告内容应包括设计目的、设计内容、设计所用仪表及设备、设计原理、设计步骤（包括软硬件设计方案、软件流程图、硬件原理图等）以及心得体会，最后要附上程序，并按要求回答上面的思考题。

实 验 14

声音定位系统实验

14.1 实验目的

(1) 掌握声音定位基本原理。

(2) 学会用单片机实现声音定位的软硬件设计。

(3) 学会焊接电路和系统联调等基本技能。

(4) 熟悉单片机系统的开发过程。

14.2 实验内容

设计实现一个基于 PIC 单片机的声音定位系统,用两个麦克接收声音信息,并将接收到的声音信息依次经过放大、检测,由 PIC16F877A 单片机完成根据声源的位置控制电机转向声源所在方向。

14.3 实验所用仪表及设备

(1) 硬件: PC 一台,在线调试器 MPLAB ICD 2,PIC16F877A,LM386 运放一只,电阻、电容若干,麦克两个,舵机一台。

(2) 软件: MPLAB IDE 集成开发软件。

14.4 实验原理

14.4.1 基于 TDOA 声源定位的原理及系统组成

1. 基于 TDOA 声源定位的原理

TDOA(Time Difference of Arrival),即声音时间差。基于 TDOA 声源定位的原理如图 14-1 所示,声源位于水平面上的方向角为 α,与声音接收器中心的距离为 r,到达左右声音接收器的距离分别为 SL 和 SR。若声源位于系统的右侧,则 SL>SR,声音首先到达右边接收器,从而在到达左右接收器的时间先后上形成时间差(TD)。它与声源的方位角 α 有对应关系。当 $\alpha = 0°$ 时，TD $= 0$；当 $\alpha = \pm 90°$ 时，TD 达到最大值。且满足式(14-1)、式(14-2)及式(14-3)。

$$SR = \sqrt{r^2 + OR^2 - 2 \times r \times OR \times \sin\alpha} \tag{14-1}$$

$$SL = \sqrt{r^2 + OR^2 + 2 \times r \times OR \times \sin\alpha} \tag{14-2}$$

$$TD = (SL - SR) / v \tag{14-3}$$

其中，v 为声速。

2. 系统组成

基于单片机的声音定位系统结构框图如图 14-2 所示。整个系统主要由麦克、接收电路、PIC16F877A 单片机、电源模块及舵机组成。

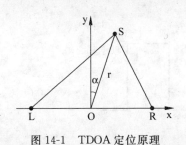

图 14-1　TDOA 定位原理

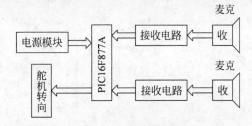

图 14-2　系统结构框图

14.4.2　声源信号的接收及处理

1. 自然声源信号特点

自然声源信号为模拟信号，为典型的连续信号，不仅在时间上是连续的，而且在幅度上也是连续的，而且自然声源往往是由许多频率不同的信号组成，并存在音头效应。这些因素给确定接收声音信号的起点及确定引起中断的条件造成了一定的困难。因此对自然声源信号能否恰当处理就成为影响系统准确性的重要因素。

2. 信号的接收及处理

信号的接收和处理包括以下几个环节：
(1) 使用麦克进行信号接收。
(2) 使用调整模块改善不同麦克对信号接收造成的幅度差异。
(3) 使用放大模块增强系统的灵敏性。
(4) 使用单稳态触发器对信号进行脉冲整形。

3. 转向的控制原理

以声源距右边较近为例，声源信号发出，首先右边的麦克接收到信号，触发单片机中断，使单片机中的 Timer1 开始计数，并设置标志位，标记为右路信号先到。一段时间后左路也接收到信号，也触发单片机中断，并终止计数。

根据前面的公式计算出时间差和声源方向角的关系，由 Timer1 中的数值和标志位确定其对应的方向角,并依据方向角控制发给舵机信号的高电平时间,从而控制舵机转向。

4. 舵机控制

舵机是一种位置伺服的驱动器,适用于那些需要角度不断变化并可以保持的控制系统。其工作原理是:控制信号由接收机的通道进入信号调制芯片,获得直流偏置电压。它内部有一个基准电路,产生周期为 20ms、宽度为 1.5ms 的基准信号,将获得的直流偏置电压与电位器的电压比较,获得电压差输出。最后,电压差的正负输出到电机驱动芯片决定电机的正反转。当电机转速一定时,通过级联减速齿轮带动电位器旋转,使得电压差为 0,电机停止转动。

舵机的控制信号是 PWM 信号,利用占空比的变化改变舵机的位置。一般舵机的控制要求如图 14-3 所示。

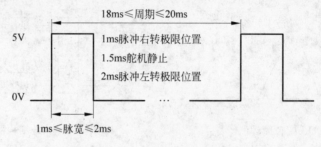

图 14-3　舵机的控制要求

实现舵机转角控制可以使用 FPGA、模拟电路、单片机来产生控制信号,但 FPGA 成本高且电路复杂。对于脉宽调制信号的脉宽变换,常用的一种方法是采用调制信号获取有源滤波后的直流电压,但是需要 50Hz(周期是 20ms)的信号,这对运放器件的选择有较高要求,从电路体积和功耗考虑也不易采用。5mV 以上的控制电压的变化就会引起舵机的抖动,对于机载的测控系统而言,电源和其他器件的信号噪声都远大于 5mV,所以滤波电路的精度难以达到舵机的控制精度要求。可以用单片机作为舵机的控制单元,使 PWM 信号的脉冲宽度实现微秒级的变化,从而提高舵机的转角精度。单片机完成控制算法,再将计算结果转化为 PWM 信号输出到舵机,由于单片机系统是一个数字系统,其控制信号的变化完全依靠硬件计数,所以受外界干扰较小,整个系统工作可靠。

单片机系统要实现对舵机输出转角的控制,必须完成两个任务:首先是产生基本的 PWM 周期信号,本实验是产生 20ms 的周期信号;其次是脉宽的调整,即单片机模拟 PWM 信号的输出,并能调整占空比。

图 14-4　声源信号的接收
与处理过程

5. 声源信号的接收与处理过程

声源信号的接收与处理过程如图 14-4 所示。

14.5　实验步骤

整个系统硬件结构主要包括电源模块、晶振模块、复位模块、调整放大模块、模数转换模块、单稳态触发模块、单片机模块。其中电源模块、晶振模块和复位模块的接线原理图可参考实验11,在此主要介绍其他的几个模块。

1. 调整放大模块

调整模块由 $0.1\mu F$ 电容和 $50k\Omega$ 可调电阻组成,可调电阻可调节已接收信号的幅度,减少两路接收信号幅度的差异,提高系统两路信号起点确定的一致性,从而使得系统定位准确性增强。

放大模块使用 LM386 音频功率放大器对已接收信号进行放大,从而降低对声源幅值的要求,实现对小幅值声源的识别。

调整放大模块的电路原理图如图 14-5 所示。

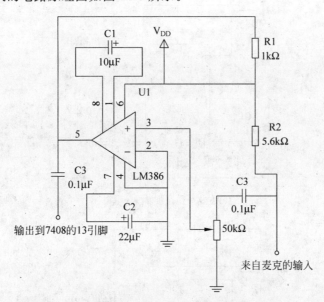

图 14-5　调整放大模块原理图

2. 模数转换模块

经调整放大后的信号还是模拟信号,需要将其转换为数字信号。模数转换模块采用 7408 双输入与非门,其原理是将调整放大电路输出的模拟信号和数字"1"相"与",经 7408 输出后便成为一个数字信号。模数转换模块原理图如图 14-6 所示。

3. 单稳态触发模块

单稳态触发模块使用 555 单脉冲触发器,其作用是将一次信号输入的波形转化为固定幅度、固定时间宽度的脉冲信号,从而对每一路输入而言,可保证一次输入信号的波形只有

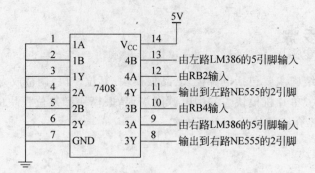

图 14-6　模数转换模块原理图

一个上升沿，只可引发一次中断。单稳态触发模块的电路原理图如图 14-7(a)和图 14-7(b)
所示。

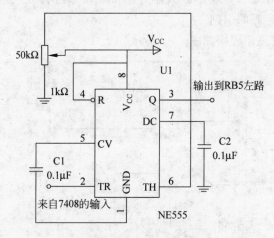

(a) 左路单稳态触发模块电路

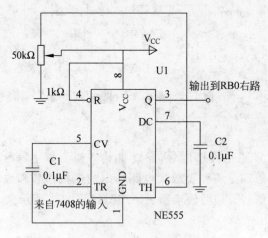

(b) 右路单稳态触发模块电路

图 14-7　单稳态触发模块

4. 单片机模块

单片机模块的电路图如图 14-8 所示，由 RB3 的输出去控制舵机的转向。

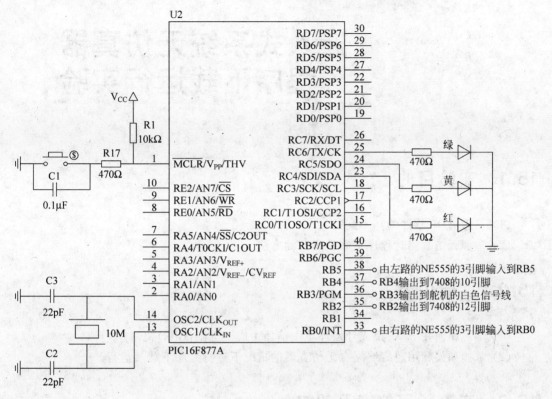

图 14-8　单片机模块电路

14.6　思考题

（1）简述声音定位算法原理。

（2）画出声音定位软件流程图。

（3）设计硬件电路应有哪些注意事项？

14.7　实验报告内容及要求

实验报告内容应包括设计目的、设计内容、设计所用仪表及设备、设计原理、设计步骤（包括软硬件设计方案、软件流程图、硬件原理图等）以及心得体会，最后要附上程序，并按要求回答上面的思考题。

实验 15

嵌入式系统无仿真器
程序下载运行实验

15.1 实验目的

（1）熟悉 ADS 软件的基本配置。
（2）掌握无仿真器时程序下载及运行的方法。

15.2 实验内容

（1）学习如何在 ADS 集成开发环境中编译生成二进制（BIN）文件。
（2）掌握如何利用超级终端在无仿真器的情况下进行程序下载及运行。

15.3 实验所用仪表及设备

（1）硬件：ARM9-2410 嵌入式系统实验箱，PC 一台。
（2）软件：PC 操作系统 Windows 2000 或 Windows XP，ADS1.2 集成开发环境，超级
终端通信程序。

15.4 实验原理

嵌入式系统部分的实验所使用的硬件平台是 ARM9-2410 嵌入式实验箱，软件主要运
用 ADS1.2 集成开发环境，下面分别介绍。

1. ARM9-2410 嵌入式系统实验箱简介

ARM9-2410 嵌入式实验箱是一款基于三星 S3C2410X 16/32 位 RISC 处理器
（ARM920T）的嵌入式系统实验平台，其实物图如图 15-1 所示，系统结构框图如图 15-2 所
示，实物图说明如图 15-3 所示。

图 15-1　系统实物图

2. ADS 1.2 集成开发环境简介

ADS 全称为 ARM Developer Suite，ADS 是 ARM 公司的集成开发环境软件，其功能非常强大。它的前身是 SDT，SDT 是 ARM 公司几年前的开发环境软件，目前 SDT 已经不再升级。ADS 包括四个模块：SIMULATOR、C 编译器、实时调试器及应用函数库。

ADS 的编译器和调试器较 SDT 都有非常大的改观，ADS1.2 提供完整的 Windows 界面开发环境。它的 C 编译器效率极高，支持 C 和 C++，便于使用 C 语言进行开发。ADS 1.2 提供软件模拟仿真功能，在没有仿真器的情况下也能够学习 ARM 的指令系统。配合硬件调试器的使用，ADS 1.2 具有强大的实时调试跟踪功能，可随时监视片内运行情况。目前支持 ADS 1.2 的硬件调试器有 Multi-ICE 以及兼容 Multi-ICE 的调试工具，如 FFT-ICE。

在做实验之前，需要安装配置 ADS 开发环境，并用其编译得到二进制（BIN）文件。下面将以 2410LEDARY 程序为例，介绍安装配置 ADS 的具体操作步骤。

（1）打开安装光盘，先运行 AUTORUN.EXE 程序，安装仿真器 MULTI-ICE，将文件夹 MULTI 2.25 中的 4 个文件复制到文件 MULTI 所安装的目录下。

（2）运行 ARM developer Suit，安装完成后运行 ARM Update。

注意：要将 click the type of setup your prefer 项改选成 full。

（3）在"开始"菜单中打开 CodeWarrior for ARM Develop Suite 程序，打开工程 E:\sample\jichu\LEDARY\2410LEDARY.mcp，单击 Debug Setting 按钮，得到如图 15-4 所示界面。

（4）Debug Setting 页面中包括 6 个面板，在此分别做如下设置。

① 设置生成目标的基本选项（Target Settings）。

在 Target Settings Panels 列表中选择 Target Settings 选项后，弹出如图 15-5 所示界

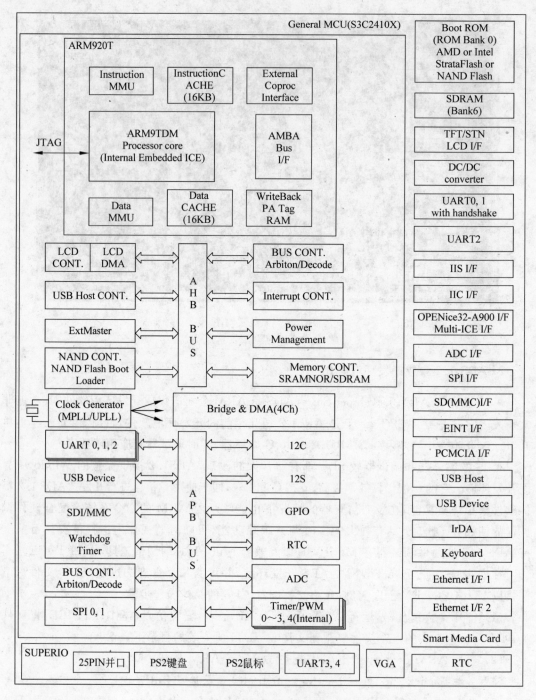

图 15-2　系统功能框图

面。其中，Target Name 列表框选择 DebugRel；Linker 列表框选择 ARM Linker；Pre-linker 列表框选择 None；Post-linker 列表框选择 ARM fromELF。

② 编译器的选项设置(Language Settings)。

在 Target Settings Panels 列表中的 Language Settings 目录下选择 ARM C Compiler

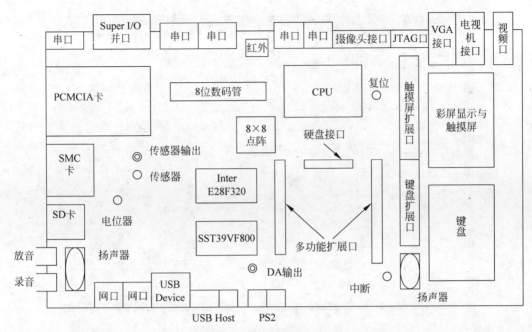

图 15-3 实物图说明

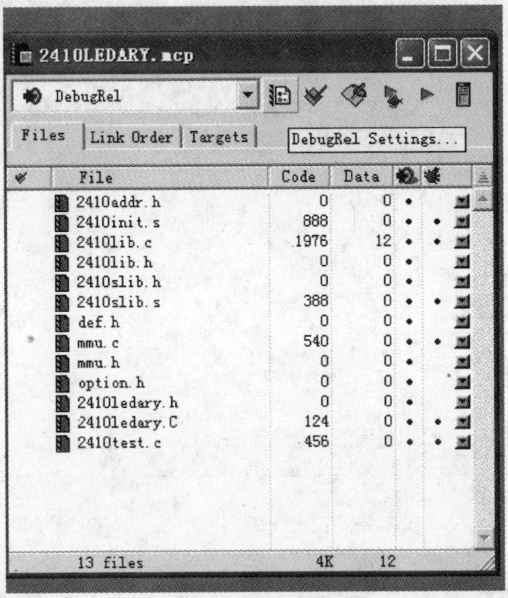

图 15-4 打开工程后的界面

选项,弹出如图 15-6 所示界面。由于实验板采用的 S3C2410ARM 芯片属于 ARM9 系列,这里需要将该选项中的 Target and Source 选项卡下的 Architecture or Processor 列表框设定成 ARM920T;将 Floating Point 列表框设定为 Pure-endian softfp;将 Byte Order 列表框选择为 Little Endi;将 Source Language 列表框设定为 ANSI/ISO Standard C;在 Equivalent Command Line 文本框中输入"-01 -g+ −cpu ARM920T"。

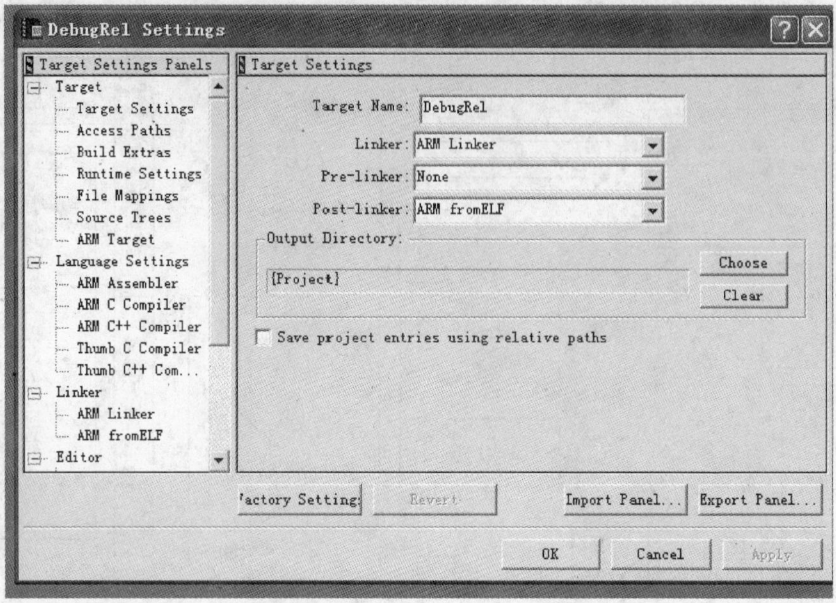

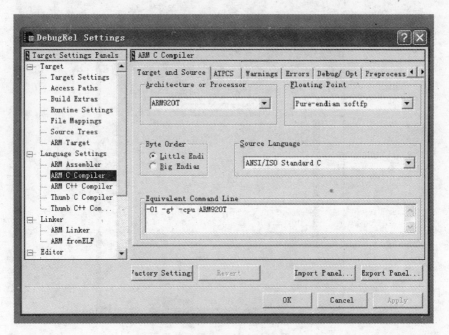

图 15-5　Target Settings 选项

图 15-6　ARM C Compiler 选项

③ 连接器的选项设置(Linker)。

在 Target Settings Panels 列表中的 Linker 选项下选择 ARM Linker 项,即可得到连接器的选项设置对话框。这里需要将该选项中的 Output 选项卡下的 Linktype 列表框选择为 Simple;将 RO Base 文本框设定为 0x31000000;将 RW Base 文本框设定为 0x32000000(注意:RW Base 中的数据要比 RO Base 中的大);在 Equivalent Command Line 文本框中输入

"-info totals -ro-base 0x31000000 -rw-base 0x32000000 -first 2410init. o (init)",如图 15-7 所示。

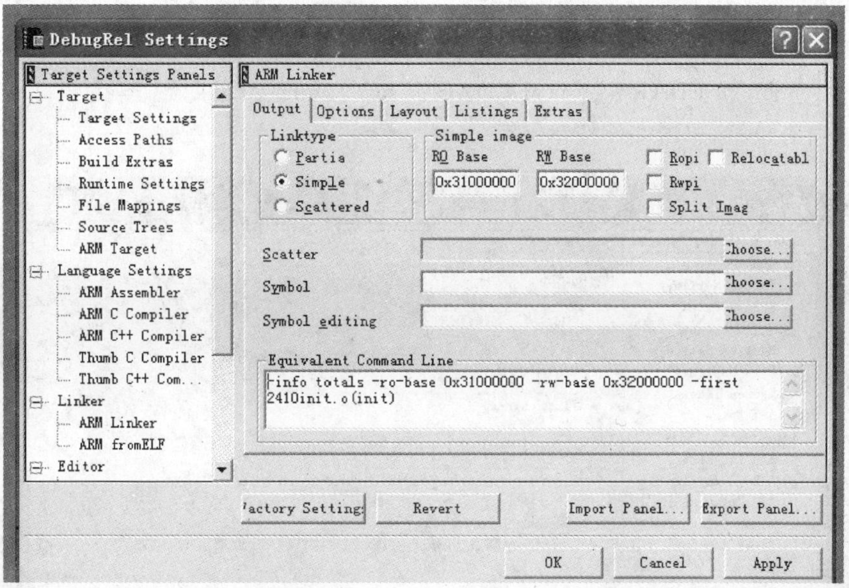

图 15-7 ARM Linker 选项下的 Output 界面

选择 ARM Linker 界面下的 Layout 选项卡,弹出如图 15-8 所示界面,其中,在 Place at beginning of image 选项下的 Object/Symbol 文本框中输入"2410init. o";Section 文本框中输入 init。在 Equivalent Command Line 文本框中输入"-info totals -ro-base 0x31000000 -rw-base 0x32000000 -first 2410init. o (init)"。

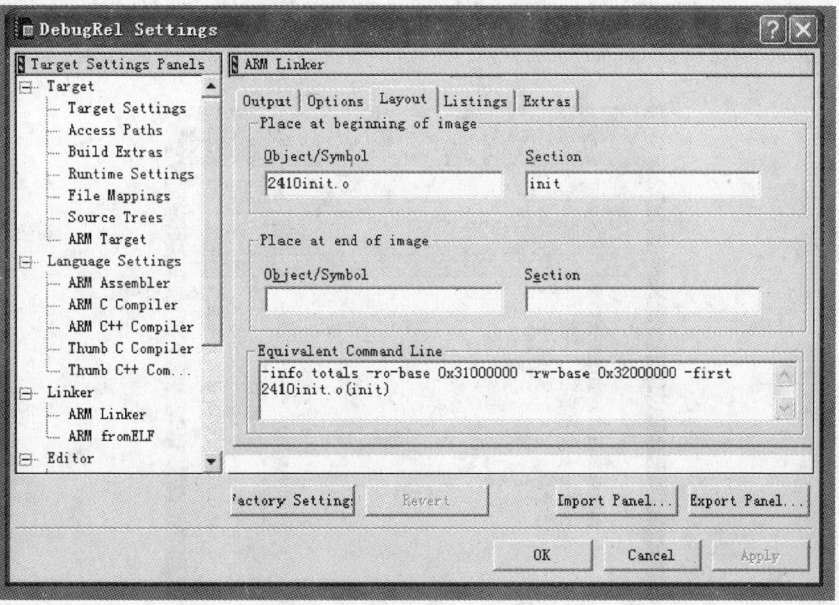

图 15-8 ARM Linker 选项下的 Layout 界面

④ 在 Target Settings Panels 列表中的 Linker 选项下选择 ARM fromELF 项,即可得到连接器的选项设置对话框,如图 15-9 所示。其中,将 Output format 文本框设定为 Plain binary;在 Output files name 文本框中输入相应的路径及文件名:E:\ sample\jichu\ LEDARY\2410LEDARY. bin;在 Equivalent Command Line 文本框中输入"-c -output 'E:\ sample\jichu\ LEDARY\ 2410LEDARY. bin ' -bin"。至此已经完成了 DebugRel Settings 的所有设置,单击 OK 按钮保存。

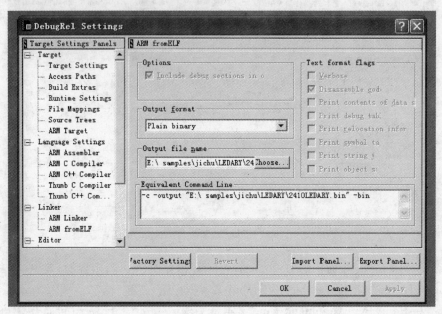

图 15-9   ARM fromELF 选项

(5) 如图 15-10 所示,单击 Make 按钮,即可在所设置的文件夹下面得到二进制文件 2410LEDARY. bin。

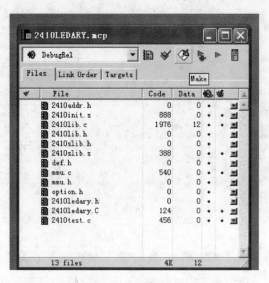

图 15-10   生成二进制文件

至此,已经详细介绍了如何编译得到二进制.BIN 文件,该二进制文件即可以下载到ARM9-2410 实验箱上的 RAM 中,并且能够运行。

15.5　实验步骤

(1) 接通 ARM9-2410 实验箱电源,并用串口线将计算机串口和实验箱的 UART0 口连接上,将开关 SW1 拨至 DOWN,开关 SW4 拨至 LEFT。

(2) 运行超级终端:选择"开始"→"程序"→"附件"→"通信"→"超级终端"命令,运行超级终端,选择正确的串口号(COM1),设置串口:波特率(115200)、奇偶校验(无)、数据位数(8)和停止位(1),数据流控制(无),打开串口,如图 15-11 和图 15-12 所示。

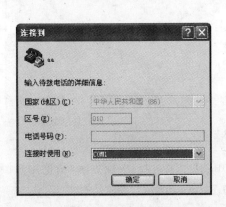
图 15-11　设置串口号

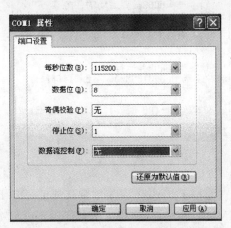
图 15-12　设置串口参数

(3) 启动 ARM9-2410 实验箱,在超级终端出现提示"按 ENTER 键进入 BIOS…"如图 15-13 所示。

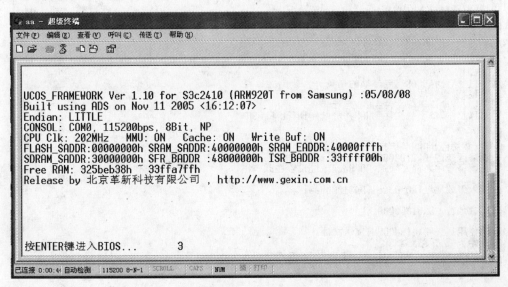
图 15-13　超级终端提示界面

按照提示按 Enter 键进入 BIOS 界面,在该界面中,选择"[3]——串口下载文件到 RAM 运行"选项,按 Enter 键,提示输入下载地址,如图 15-14 所示。

图 15-14　BIOS 界面

直接按 Enter 键,以使用默认地址(RO Base)[0x31000000]。出现提示"请使用超级终端(XMODEM)发送文件。开始下载… $$$$",如图 15-15 所示。

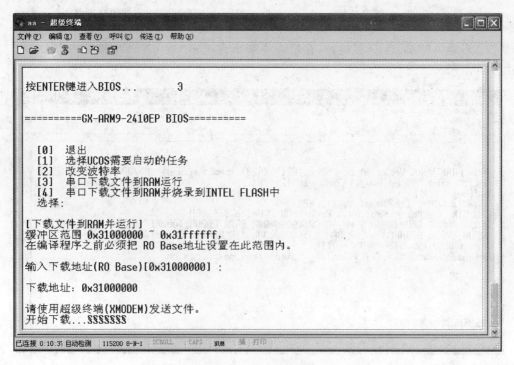

图 15-15　开始下载提示

（4）单击超级终端的"传送"菜单,在下拉菜单中选择"发送文件"选项,选择刚才编译好的 2410LEDARY.bin 文件进行发送,其中传输协议选择 1K Xmodem。分别如图 15-16～图 15-18 所示。

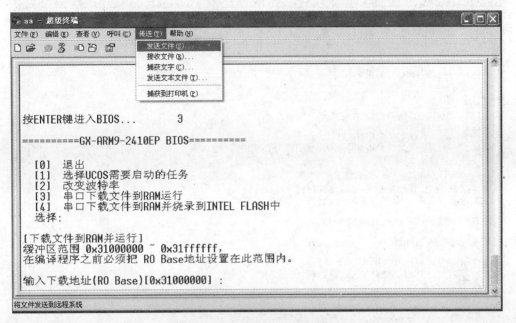

图 15-16　输入下载地址提示

图 15-17　输入文件名和传输协议

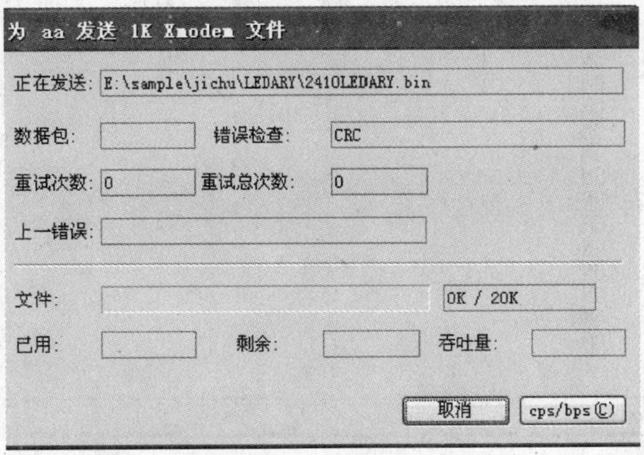

图 15-18　正在发送界面

（5）当出现"是否运行下载的程序"的提示时，输入"Y"，如图 15-19 所示，即可看到开发板上 8×8 发光二极管跑马灯闪烁。同时超级终端界面出现如图 15-20 所示提示。

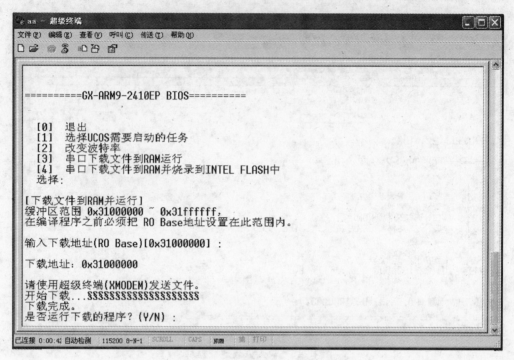

图 15-19　是否运行下载程序提示

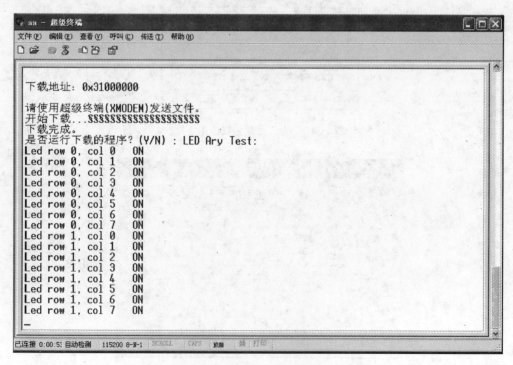

图 15-20　程序运行时界面

15.6　思考题

(1) ADS 集成开发软件是由哪几部分组成？各自的功能是什么？

(2) 简述 Code Warrior IDE for ARM 集成开发环境的功能。

(3) ADS 集成开发软件在配置时有哪些注意事项？

(4) 无仿真器程序下载及运行时有哪些注意事项？

15.7　实验报告内容及要求

实验报告内容应包括设计目的、设计内容、设计所用仪表及设备、设计原理、设计步骤（包括软硬件设计方案、软件流程图、硬件原理图等）以及心得体会，最后要附上程序，并按要求回答上面的思考题。

实验 16

基于ARM的I/O接口实验

16.1 实验目的

(1) 熟悉 ARM 芯片的 I/O 接口及相关寄存器。

(2) 掌握 ARM 芯片 I/O 接口控制发光二极管显示的方法。

16.2 实验内容

在 ARM9 S3C2410 实验板上,编程实现用 I/O 接口控制 4 个发光二极管 LED1~LED4 依次点亮和熄灭。

16.3 实验所用仪表及设备

(1) 硬件:PC 一台,ARM9-2410 嵌入式系统实验箱。

(2) 软件:PC 操作系统 Windows 2000 或 Windows XP,ADS 1.2 集成开发环境,仿真器驱动程序,超级终端通信程序。

16.4 实验原理

S3C2410 芯片内部有 8 个端口,共 117 个多功能 I/O 引脚,它们分别叙述如下:

- 端口 A(GPA):23 个输出端口(见表 16-1)。
- 端口 B(GPB):11 个输入输出端口(见表 16-2)。
- 端口 C(GPC):16 个输入输出端口(见表 16-3)。
- 端口 D(GPD):16 个输入输出端口(见表 16-4)。
- 端口 E(GPE):16 个输入输出端口(见表 16-5)。
- 端口 F(GPF):8 个输入输出端口(见表 16-6)。
- 端口 G(GPG):16 个输入输出端口(见表 16-7)。
- 端口 H(GPH):11 个输入输出端口(见表 16-8)。

表 16-1 端口 A 引脚定义

端口 A	引脚功能	端口 A	引脚功能	端口 A	引脚功能
GPA0	ADDR0	GPA8	ADDR23	端口 A	引脚功能
GPA1	ADDR16	GPA9	ADDR24	GPA16	nGCS5
GPA2	ADDR17	GPA10	ADDR25	GPA17	CLE
GPA3	ADDR18	GPA11	ADDR26	GPA18	ALE
GPA4	ADDR19	GPA12	nGCS1	GPA19	nFWE
GPA5	ADDR20	GPA13	nGCS2	GPA20	nFRE
GPA6	ADDR21	GPA14	nGCS3	GPA21	nRSTOUT
GPA7	ADDR22	GPA15	nGCS4	GPA22	nFCE

说明：GPACON 寄存器地址：0x56000000；GPADAT 寄存器地址：0x56000004；GPACON 复位默认值：0x7FFFFF。

表 16-2 端口 B 引脚定义

端口 B	引脚功能	端口 B	引脚功能	端口 B	引脚功能
GPB0	TOUT0	GPB4	TCLK0	GPB8	nXDREQ1
GPB1	TOUT1	GPB5	nXBACK	GPB9	nXDACK0
GPB2	TOUT2	GPB6	nXBREQ	GPB10	nXDREQ0
GPB3	TOUT3	GPB7	nXDACK1		

说明：GPBCON 寄存器地址：0x56000010；GPBDAT 寄存器地址：0x56000014；GPBUP 寄存器地址：0x56000018；GPBCON 复位默认值：0x0；GPBUP 复位默认值：0x0。

表 16-3 端口 C 引脚定义

端口 C	引脚功能	端口 C	引脚功能	端口 C	引脚功能
GPC0	LEND	GPC6	LCDVF1	GPC12	VD4
GPC1	VCLK	GPC7	LCDVF2	GPC13	VD5
GPC2	VLINE	GPC8	VD0	GPC14	VD6
GPC3	VFRAME	GPC9	VD1	GPC15	VD7
GPC4	VM	GPC10	VD2		
GPC5	LCDVF0	GPC11	VD3		

说明：GPCCON 寄存器地址：0x56000020；GPCDAT 寄存器地址：0x56000024；GPCUP 寄存器地址：0x56000028；GPCCON 复位默认值：0x0；GPCUP 复位默认值：0x0。

表 16-4 端口 D 引脚定义

端口 D	引脚功能	端口 D	引脚功能	端口 D	引脚功能
GPD0	VD8	GPD6	VD14	GPD12	VD20
GPD1	VD9	GPD7	VD15	GPD13	VD21
GPD2	VD10	GPD8	VD16	GPD14	VD22(nSS1)
GPD3	VD11	GPD9	VD17	GPD15	VD23(nSS0)
GPD4	VD12	GPD10	VD18		
GPD5	VD13	GPD11	VD19		

说明：GPDCON 寄存器地址：0x56000030；GPDDAT 寄存器地址：0x56000034；GPDUP 寄存器地址：0x56000038；GPDCON 复位默认值：0x0；GPDUP 复位默认值：0xF000。

表 16-5　端口 E 引脚定义

端口 E	引脚功能	端口 E	引脚功能	端口 E	引脚功能
GPE0	I2SLRCK	GPE6	SDCMD	GPE12	SPIMOSI0
GPE1	I2SSCLK	GPE7	SDDAT0	GPE13	SPICLK0
GPE2	CDCLK	GPE8	SDDAT1	GPE14	IICSCL
GPE3	I2SSDI(nSS0)	GPE9	SDDAT2	GPE15	IICSDA
GPE4	I2SSDO(I2SSDI)	GPE10	SDDAT3		
GPE5	SDCLK	GPE11	SPIMISO0		

说明：GPECON 寄存器地址：0x56000040；GPEDAT 寄存器地址：0x56000044；GPEUP 寄存器地址：0x56000048；GPECON 复位默认值：0x0；GPEUP 复位默认值：0x0。

表 16-6　端口 F 引脚定义

端口 F	引脚功能	端口 F	引脚功能	端口 F	引脚功能
GPF0	EINT0	GPF3	EINT3	GPF6	EINT6
GPF1	EINT1	GPF4	EINT4	GPF7	EINT7
GPF2	EINT2	GPF5	EINT5		

说明：GPFCON 寄存器地址：0x56000050；GPFDAT 寄存器地址：0x56000054；GPFUP 寄存器地址：0x56000058；GPFCON 复位默认值：0x0；GPFUP 复位默认值：0x0。

表 16-7　端口 G 引脚定义

端口 G	引脚功能	端口 G	引脚功能	端口 G	引脚功能
GPG0	EINT8	GPG6	EINT14(SPIMOSI1)	GPG12	EINT20(XMON)
GPG1	EINT9	GPG7	EINT15(SPICLK1)	GPG13	EINT21(nXPON)
GPG2	EINT10(nSS0)	GPG8	EINT16	GPG14	EINT22(YMON)
GPG3	EINT11(nSS1)	GPG9	EINT17	GPG15	EINT23(nYPON)
GPG4	EINT12(LCD_PWREN)	GPG10	EINT18		
GPG5	EINT13(SPIMISO1)	GPG11	EINT19(TCLK1)		

注：GPGCON 寄存器地址：0x56000060；GPGDAT 寄存器地址：0x56000064；GPGUP 寄存器地址：0x56000068；GPGCON 复位默认值：0x0；GPGUP 复位默认值：0xF800。

表 16-8　端口 H 引脚定义

端口 H	引脚功能	端口 H	引脚功能	端口 H	引脚功能
GPH0	nCTS0	GPH4	TXD1	GPH8	UCLK
GPH1	nRTS0	GPH5	RXD1	GPH9	CLKOUT0
GPH2	TXD0	GPH6	TXD2(nRTS1)	GPH10	CLKOUT1
GPH3	RXD0	GPH7	RXD2(nCTS1)		

注：GPHCON 寄存器地址：0x56000070；GPHDAT 寄存器地址：0x56000074；GPHUP 寄存器地址：0x56000078；GPHCON 复位默认值：0x0；GPHUP 复位默认值：0x0。

上述这些 I/O 引脚大部分是多功能复用的，既可以作为普通的 I/O 口使用，也可以作为特殊外设接口，因此在使用前要确定每个引脚的功能，合理安排所有资源。

1. 与端口相关的寄存器

每个端口都可以通过编程设置相应的寄存器，以满足不同系统和设计的需要。在运行程序之前,必须对用到的每一个引脚的功能进行设置。

（1）端口控制寄存器（GPACON～GPHCON）

在S3C2410X芯片中,用端口控制寄存器GPnCON来定义引脚的功能。GPnCON寄存器中每2位控制1个引脚:00表示输入,01表示输出,10表示特殊功能,11保留。如果GPF0～GPF7和GPG0～GPG7在掉电模式中被作为唤醒信号（wakeup signals）时,这些端口必须配置成中断模式（interrupt mode）。

（2）端口数据寄存器（GPADAT～GPHDAT）

在S3C2410X芯片中,用端口数据寄存器GPnDAT来传递数据。如果端口定义为输出口,那么输出数据可以写入GPnDAT中的相应位;如果端口定义为输入口,那么可以从GPnDAT相应的位中读入数据。

（3）端口上拉寄存器（GPBUP～GPHUP）

在S3C2410X芯片中,通过设置端口上拉寄存器GPnUP来使相应端口与上拉电阻接通或断开。当寄存器中相应的位设置为0时,该引脚接通上拉电阻,此时上拉寄存器可以在没有设置端口功能（输入、输出等）的情况下工作;当寄存器中相应的位设置为1时,该引脚断开上拉电阻。

（4）外部中断控制寄存器（EXTINTn）

在S3C2410X芯片中,通过不同的信号触发方式可以使24个外部中断被请求。EXTINTn寄存器可以根据外部中断的需要,将中断触发信号配置为低电平触发、高电平触发、下降沿触发、上升沿触发和边沿触发几种方式。由于噪声滤波器的存在,为了识别电平中断,在EXTINTn引脚上有效的逻辑电平必须至少保持40ns。

表16-1～表16-8为S3C2410实验板上各个端口引脚复用功能的定义。

2. 电路原理

本实验的电路原理如图16-1所示,4个发光二极管LED1～LED4采用共阳极接法,其阳极接S3C2410实验箱核心板上的3.3V电源电压,阴极通过限流电阻分别与S3C2410芯片端口F的GPF4～GPF7引脚相连。

四盏灯的引脚分配如下:

LED1：红色LED,EINT4/GPF4。

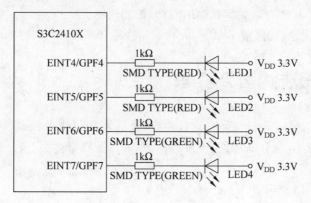

图16-1 发光二极管控制电路

LED2：红色 LED，EINT5/GPF5。

LED3：绿色 LED，EINT6/GPF6。

LED4：绿色 LED，EINT7/GPF7。

在初始化时，端口 F 已经设置为输出口。通过向 GPFDAT 寄存器中相应的位写入 0 或 1，控制引脚 GPF4～GPF7 输出低电平或高电平。当 GPF4～GPF7 输出低电平时，相应的 LED 灯点亮；当 GPF4～GPF7 输出高电平时，相应的 LED 灯熄灭。

16.5　实验步骤

（1）新建一个工程 GPIO.mcp，添加相应的文件，并修改 GPIO 的工程设置。

（2）创建 Main.c 文件，并加入到工程文件 GPIO.mcp 中。

（3）为 Main.c 文件的主任务 maintask 添加如下的语句。

```
void Main(void)
  { int i;
  Port_Init();                          //初始化 I/O
  while (1)
   { Led_Display(0x00);                 //灯亮
     for (i = 0; i < 0xfffff; i++);     //延迟
     Led_Display(0x0f);                 //灯灭
     for (i = 0; i < 0xfffff; i++);     //延迟
   }
}
```

（4）编译 GPIO 工程。

（5）下载程序并运行，观察结果。

16.6　思考题

（1）S3C2410 芯片中，常用的 I/O 口控制寄存器有哪些？各起什么作用？

（2）在本实验中，寄存器 GPFCON、GPFDAT 及 GPFUP 是如何定义的？

（3）ARM 芯片 I/O 口是如何控制 LED 灯的亮灭的？

（4）修改实验程序，用两盏 LED 灯的状态组合循环显示 00、01、10、11。

16.7　实验报告内容及要求

实验报告内容应包括设计目的、设计内容、设计所用仪表及设备、设计原理、设计步骤（包括软硬件设计方案、软件流程图、硬件原理图等）以及心得体会，最后要附上程序，并按要求回答上面的思考题。

实验 17
基于ARM的跑马灯实验

17.1 实验目的

（1）掌握无仿真器时程序下载及运行的方法。

（2）学习并掌握 8×8 发光二极管点阵扫描显示的原理。

（3）学习并掌握在发光二极管点阵上实现跑马灯的设计方法。

17.2 实验内容

（1）以动态扫描的方式在 8×8 发光二极管点阵的中间位置显示一个 4×4 的方形点阵。

（2）在发光二极管点阵上实现跑马灯实验。

17.3 实验所用仪表及设备

（1）硬件：PC 一台，ARM9-2410 嵌入式系统实验箱。

（2）软件：Windows 98/XP/2000 系统，ADS 1.2 集成开发环境。

17.4 实验原理

跑马灯电路原理如图 17-1 所示，用一个 8×8 发光二极管点阵来显示。点阵式 LED 显示屏通常由若干块 LED 点阵显示模块组成，常用于发布消息、显示汉字等。8×8 显示点阵模块，每块有 64 个独立的发光二极管。各种 LED 显示点阵模块都采用阵列形式排布，即在行列线的交点处接有显示 LED，目的是减少引脚且便于封装。为此，LED 点阵显示模块的显示驱动只能采用动态驱动方式，每次最多只能点亮一行 LED（共阳形式 LED 显示点阵模块）或一列 LED（共阴形式 LED 显示点阵模块）。图 17-1 所示的原理图中，8×8 发光二极管点阵为共阴形式，由总线驱动芯片 74573 为其提供列驱动电流，8 个行信号则由集电极开路门驱动器 7407 控制，行线和列线都挂在总线上，微处理器可以通过总线操作来完成对每一个 LED 点阵显示模块内每个 LED 显示点的亮、暗进行控制。

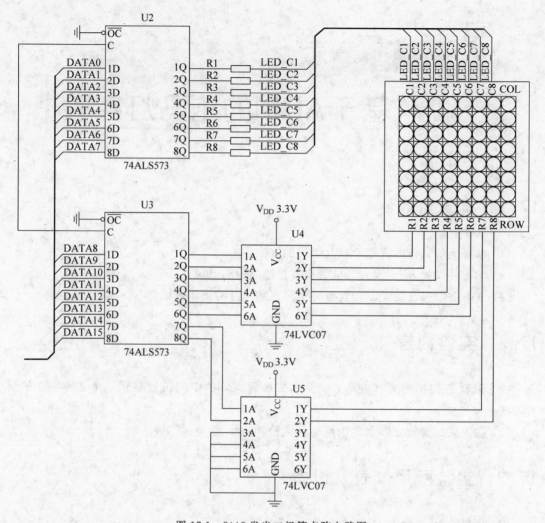

图 17-1　8×8 发光二极管点阵电路图

在本实验平台上，整个 LED 显示模块是作为一个 I/O 口进行控制的。在电路原理图 17-1 中，DATA[0..7]、DATA[8..15]分别对应系统数据线的低 16 位，LED_LOCK 信号是由系统总线的写信号和地址信号经简单的逻辑组合而成，在板载的 CPLD 内完成，控制该显示模块的 I/O 地址为 0x20000000。

17.5　实验步骤

（1）新建一个工程 LedAry.mcp，添加相应的文件，编译下载运行，观察板上发光二极管点阵的显示。

（2）在主程序中定义一个表示点阵数据的数组，加入自己的动态扫描函数，实现对点阵数据的动态扫描。

（3）在扫描的基础上加入对点阵数据改变的控制，实现走马灯的实验，在超级终端中仿真点阵的循环点亮,例如,Led row 0,col 0 ON 代表第一行第一列灯亮。图 17-2 是超级终端中显示的运行结果。

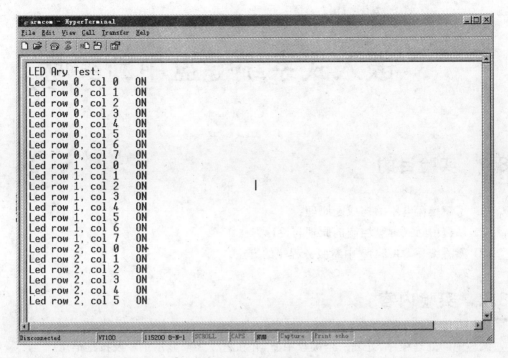

图 17-2 运行结果

17.6 思考题

(1) 以动态扫描的方式在 8×8 的发光二极管点阵的中间位置显示一个 4×4 的方形点阵,试编写主程序。

(2)(选做)在点阵上显示一个圆环,从中心开始,半径逐次增大,再重新开始。

17.7 实验报告内容及要求

实验报告内容应包括实验目的、实验内容、实验设备、实验步骤以及心得体会,并按要求回答上面的思考题。

实验 **18**

嵌入式系统键盘中断实验

18.1 实验目的

（1）了解键盘电路的构成及原理。

（2）掌握中断式键盘控制的原理与设计方法。

（3）熟悉编写 S3C2410 中断服务程序的方法。

18.2 实验内容

编写中断处理程序，处理一个键盘中断，并在超级终端显示中断及按键信息。

18.3 实验所用仪表及设备

（1）硬件：PC 一台，ARM9-2410 嵌入式系统实验箱。

（2）软件：PC 操作系统 Windows 98/2000/XP，ADS 1.2 集成开发环境。

18.4 实验原理

设计行列键盘接口，通常采用三种方法读取键值。一种是中断方式，另外两种是扫描法和反转法。本实验采用中断方式实现用户键盘接口。

1. 中断方式原理

中断方式，即在键盘按下时产生一个外部中断通知 CPU，并由中断处理程序通过不同的地址读取数据线上的状态，判断哪个按键被按下。

中断方式的原理示意如图 18-1 所示。

（1）中断响应

中断源向 CPU 发出中断请求，若优先级别最高，CPU 在满足一定的条件下，可以中断当前程序的运行，保护好被中断主程序的断点及现场信息。然后，根据中断源提供的信息，找到中断服务子程序的入口地址，转去执行新的程序段，这一过程称为"中断响应"。

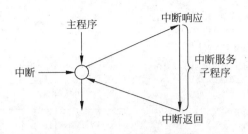

图 18-1 中断处理示意

CPU 响应中断是有条件的,如内部允许中断、中断未被屏蔽、当前指令执行完等。

(2) 中断服务子程序

CPU 响应中断以后,就会终止当前的程序,转去执行一个中断服务子程序,以完成相应的服务。中断服务子程序的一般结构如图 18-2 所示。

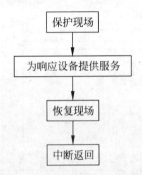

图 18-2 中断服务子程序流程图

2. ARM9-2410 嵌入式系统实验平台的键盘模块

本实验系统键盘扩展用的是键盘显示控制芯片 ZLG7289,该芯片采用 SPI 接口,电路原理图如图 18-3 所示。其中键盘的按键和芯片扫描的行线及列线之间的对应关系如表 18-1 所示。

(1) ZLG7289 工作原理

ZLG7289 可用行线 R0～R7 和列线 C0～C7 构成矩阵键盘。同时在芯片内部可自动完成扫描、译码及去抖动处理等任务。当 ZLG7289 检测到有效的按键时,按键有效指示 KEY 引脚将从低电平变为高电平,并一直保持到按键代码被读取为止。在 KEY 为高电平期间,如果 ZLG7289 接收到"读键盘数据"命令,(即 CS 引脚变低),则输出当前按键的键盘代码,ZLG7289 键盘代码的范围为 00H～0FH。如果在接收到"读键盘数据"时没有按键按下,ZLG7289 将输出 0xFFH。在一次读键盘过程完成后,按键有效指示 KEY 将变为低电平。利用按键有效指示 KEY 与单片机的外部中断端相连,可完成具有中断的键盘监控功能,从而提高 CPU 的工作效率,减少按键响应时间。

ZLG7289 工作时需要外接 RC 振荡电路以供系统工作,RC 元件的典型值为 R=3.3kΩ,C=20pF,此时的振荡频率约为 4MHz,由于此振荡频率较高,故在印制电路板布线时,所有元件尤其是振荡电路的元件应尽量靠近芯片,并尽量使电路连线最短。

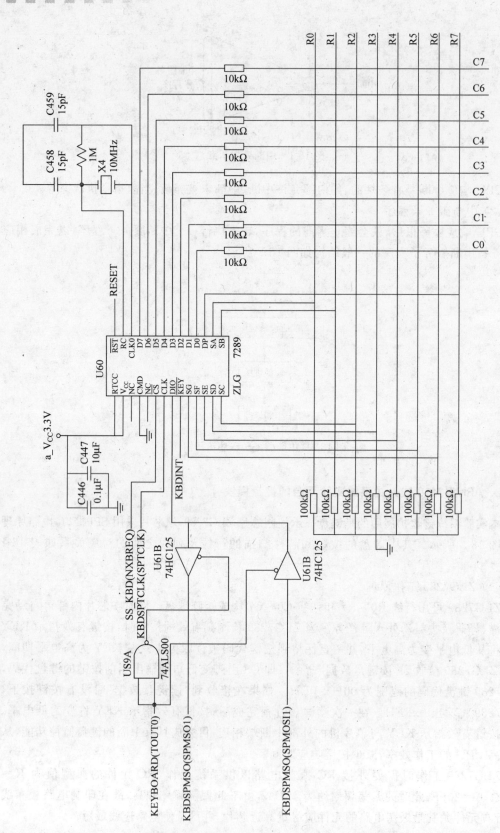

图 18-3 键盘模块原理图

表 18-1　按键和扫描的行列线间的对应关系

按键	键值	行线/列线	按键	键值	行线/列线
NumLock	32	R0/C0	5	42	R1/C1
/	40	R0/C1	6→	50	R1/C2
*	48	R0/C2	1/End	35	R1/C3
—	55	R0/C3	2/↓	43	R1/C4
7/Home	33	R0/C4	3/Pg Dn	51	R1/C5
8/↑	41	R0/C5	0/Ins	44	R1/C6
9/Pa Up	49	R0/C6	./Del	52	R1/C7
+	57	R0/C7	Enter	59	R2/C0
4/←	34	R1/C0			

ZLG7289 的 RESET 复位端在一般应用情况下,可以直接与正电源连接,在需要较高可靠性的情况下,可以连接外部 RC 复位电路,在上电或接收到 RESET 端的复位信号后,ZLG7289 大约需要经过 25ms 的复位时间才会进入到正常工作状态。程序中应尽可能地减少 CPU 对 ZLG7289 的访问次数,以提高程序的效率。

值得注意的是,如果有 2 个键同时被按下,则 ZLG7289 只能给出其中一个按键的代码,因此 ZLG7289 不适合于需要 2 个或 2 个以上按键同时被按下的应用场合。如确实需要双键组合使用或组合增加键盘数量,可在嵌入式芯片的某 I/O 引脚接入一键与 ZLG7289 共同组成双键键盘监控电路。

(2) 串行接口及时序

ZLG7289 采用串行方式与单片机或微处理器接口,串行数据从 DIO 引脚输出,并由 CLK 端发出同步时钟脉冲。当 ZLG7289 检测到有键按下时,按键有效指示 KEY 变高,单片机检测到 KEY 信号变高后,便将片选端 CS 拉低,从而使得 ZLG7289 将取得的键盘数据在 CLK 引脚的上升沿从 DIO 引脚依次送出。在单片机发出 8 个时钟脉冲后,即可从 DIO 端读取 8 位键值编码,该编码值的 D_7 为最高位,D_0 为最低位,然后单片机再使片选 CS 变高,并使 KEY 端重新输出低电平,至此,读键值过程结束。ZLG7289 的串行接口时序如图 18-4 所示。图中,T_1 表示从 CS 下降沿至第一个 CLK 上升沿的延时,典型值为 $15\mu s$;T_2 为 CLK 脉冲宽度,典型值为 $10\mu s$;T_3 为 CLK 脉冲时间间隔,典型值为 $10\mu s$。

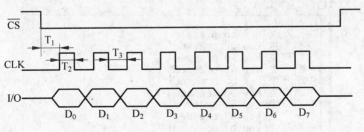

图 18-4　ZLG7289 串行接口时序

3. 程序流程图

系统的主程序流程和中断处理程序流程分别如图 18-5(a)和图 18-5(b)所示。

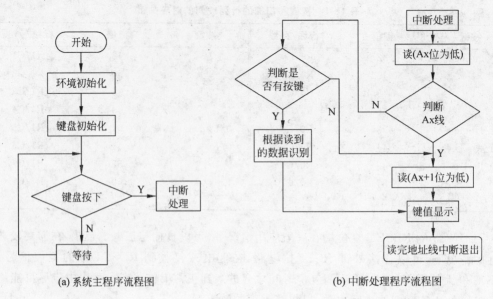

(a) 系统主程序流程图　　　　　　　　　(b) 中断处理程序流程图

图　18-5

18.5　实验步骤

（1）新建一个工程 keypad，添加相应的文件，并修改 keypad 的工程设置。

（2）创建 keypad.c 并加入到工程中。

（3）按照上节程序流程图 18-5(a)和 18-5(b)编写键盘中断程序。

（4）编译 keypad。

（5）打开超级终端。

（6）下载程序并运行，在超级终端中观察按键是否输出相应键值，实验结果如图 18-6 所示。

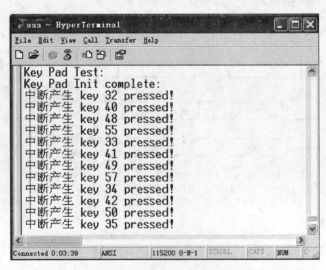

图 18-6　超级终端运行结果

18.6　思考题

（1）键值读取有哪几种方式？说明中断方式基本原理。

（2）思考使用扫描法如何处理键盘输入，试画出流程图。

18.7　实验报告内容及要求

实验报告内容应包括实验目的、实验内容、实验设备、实验步骤以及心得体会，并按要求回答上面的思考题。

实验 19

在嵌入式Linux系统下编写应用程序实验

19.1 实验目的

(1) 学习配置 minicom 的方法。
(2) 学习配置 NFS 服务的方法。
(3) 学习嵌入式 Linux 操作系统。
(4) 掌握在嵌入式系统上开发简单应用程序的方法。

19.2 实验内容

配置 minicom，配置 NFS 服务，在嵌入式 Linux 系统下编写一个简单应用程序，交叉编译后下载到实验箱上运行，从 minicom 上观察程序运行结果。

19.3 实验所用仪表及设备

(1) 硬件：PC 一台和 ARM9-2410 嵌入式实验系统。
.(2) 软件：redhat Linux 9.0 操作系统。

19.4 实验原理

绝大多数的 Linux 软件开发都是本机（HOST）开发、调试，本机运行的方式。这种方式通常不适合于嵌入式系统的软件开发，因为对于嵌入式系统的开发，没有足够的资源在嵌入式本机运行开发工具和调试工具。通常嵌入式系统软件的开发采用交叉编译调试的方式。交叉编译调试环境建立在宿主机（即一台 PC）上，对应的嵌入式开发板称为实验板。开发时使用宿主机上的交叉编译、汇编及连接工具形成只能在实验板上运行的可执行文件，然后把可执行文件下载到目标机上运行。调试时的方法很多，可以使用串口、以太网口等，具体使用哪种调试方法可以根据目标机处理器所提供的支持作出选择。宿主机和实验板的处理器一般都不相同，宿主机为 Intel x86 系列处理器，而实验板为 SAMSUNG S3C2410。GNU

编译器提供这样的功能,在编译编译器时,可以选择开发所需的宿主机和目标机,从而建立开发环境。所以在进行嵌入式开发前第一步的工作就是要安装一台装有指定操作系统的PC作宿主开发机,本实验使用 redhat 9.0 作为宿主机(开发主机)的操作系统。需要宿主机器在硬件上具有标准串口、并口、网口;软件上具有实验板的 Linux 内核、ramdisk 文件系统映像以及 bootloader。软件的更新通常使用串口或网口,最初的 bootloader 烧写是通过并口进行的。

19.5 实验步骤

1. 建立主机开发环境

在宿主机上要建立交叉编译调试的开发环境。环境的建立需要许多的软件模块协同工作,这是一个比较繁杂的工作,需要通过挂在光盘上的执行开发环境安装脚本自动完成。

将光盘插入 CDROM,执行下列命令:

```
mount /dev/cdrom /mnt/cdrom <Enter>(<Enter>表示回车,以下同)    /*挂载光盘*/
cd /mnt/cdrom <Enter>                        /*进入光盘*/
./install <Enter>                            /*执行开发环境自动安装脚本*/
```

当开发环境安装完毕后,会在根目录下生成两个目录:

```
/S3C2410_linux                    /*嵌入式系统开发工作目录*/
/opt                              /*交叉编译环境目录*/
```

2. 配置 minicom

minicom 是一个串口通信工具,就像 Windows 下的超级终端,可用来与串口设备通信。利用 minicom 作为被开发实验板的终端,开发前需要正确地配置 minicom,方法如下:

(1) 在宿主机 Linux 终端中输入命令。

minicom -s <Enter>:-s 表示开启程序设置画面的命令行参数,弹出如图 19-1 所示界面。

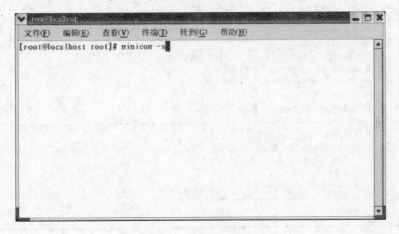

图 19-1 配置 minicom

-s 是设置使 root 在/etc/minirc. dfl 中编辑系统范围的默认值。使用此参数后，minicom 将不进行初始化，而是直接进入配置菜单。如果因为系统被改变，或者第一次运行 minicom 时，minicom 不能启动，这个参数就会很有用。对于多数系统，已经内定了比较合适的默认值。

（2）按图 19-2 所示的方式对 minicom 进行设置。

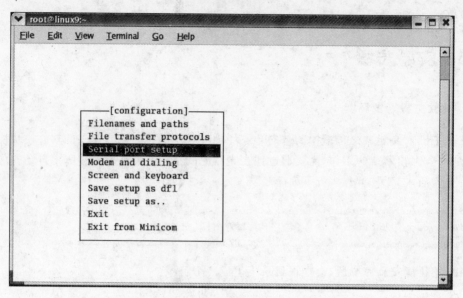

图 19-2   选择 Serial port setup 选项

选择 Serial port setup 选项，将串口配置为：波特率 115200，8 位数据位，1 位停止位，没有流控。并将其设置为默认值，如图 19-3 所示。

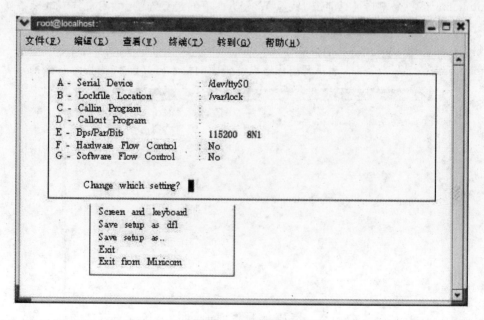

图 19-3   设置串口

（3）选择 Save setup as dfl 选项，如图 19-4 所示。然后选择 Exit 选项退回到 minicom 界面。

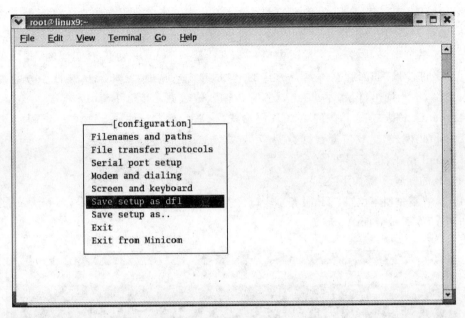

图 19-4 选择 Save setup as dfl

（4）正确连接串口线，PC 端使用在 minicom 中被配置的串口 ttyS0。实验板使用最右边的串口 0（电路板上标示为：SERIAL PORT 0），启动 minicom，弹出如图 19-5 所示界面。

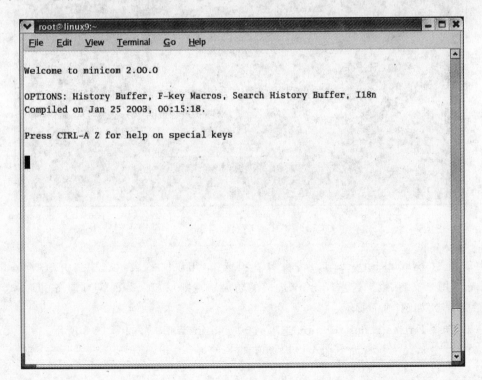

图 19-5 启动 minicom 界面

3. 配置 TFTP

TFTP(Trivial File Protocol)即简单文件传输协议,使用此服务传送文件时没有数据校验、密码验证,非常适合小型文件的传输。通过 TFTP 传送文件时,需要服务端和客户端,对于嵌入式系统来讲,服务端就是宿主机。TFTP 是基于 UDP 协议而实现的,此协议是用于进行小文件传输的,因此它不具备通常的 FTP 的许多功能,它只能从文件服务器上获得或写入文件,不能列出目录,不进行认证,它传输 8 位数据。传输中有 3 种模式:

(1) netascii 模式,是 8 位的 ASCII 码形式。

(2) octet 模式,是 8 位源数据类型。

(3) mail 模式,已经不再支持。

TFTP 的配置步骤如下:

(1) 检查宿主机端的 TFTP 服务是否已经开通。在宿主机上执行命令:setup <Enter>,弹出如图 19-6 所示界面。

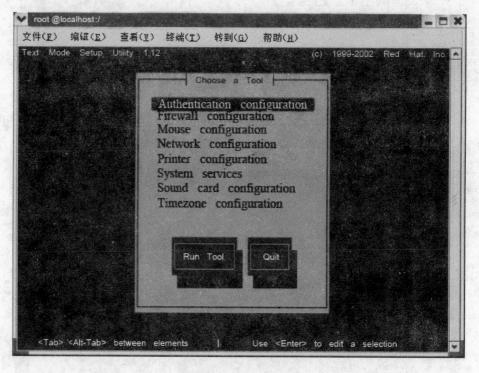

图 19-6　配置 TFTP

(2) 选择 System services 选项,将 tftp 项选中(出现[*]表示选中),并去掉 ipchains(ipchains 用来安装、维护、检查 Linux 内核的防火墙规则)和 iptables 两项服务(即去掉它们前面的 * 号),如图 19-7 所示。

(3) 选择 Firewall configuration 选项,选中 No firewall 项,如图 19-8 所示。

(4) 退出 setup,执行如下命令以启动 TFTP 服务:

service xinetd restart <Enter>

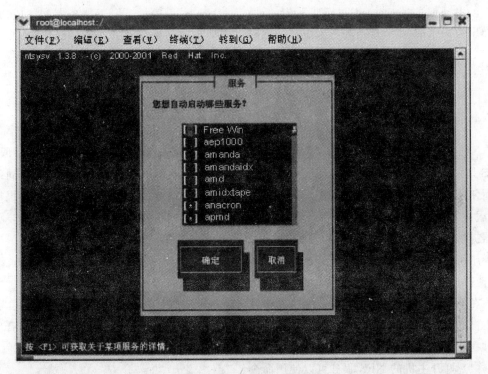

图 19-7 设置 System services

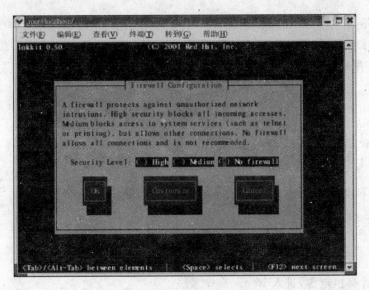

图 19-8 配置 TFTP 的防火墙

（5）配置完成后，可以简单测试一下 TFTP 服务器是否可用，例如在宿主机上执行：

```
cp /s3c2410_linux/Image/zImage /tftpboot/ <Enter>      /*在本地准备一个文件*/
tftp 192.168.2.120 <Enter>              /*用 tftp 服务登录本机*/
tftp > get zImage <Enter>               /*使用 tftp 服务得到文件 zImage*/
tftp > q <Enter>                        /*退出 tftp 服务*/
```

若出现信息"Received 741512 bytes in 0.7 seconds"就表示 TFTP 服务器配置成功了。若弹出信息 Timed out,则表明未成功。此时可用如下命令确认 tftp 服务是否开通:

```
netstat -a|grep tftp <Enter>
```

若 TFTP 服务器没有配置成功,需要按照上述步骤重新检查一遍。

4. 配置 NFS 服务

NFS(Network File System)即网络文件系统,是 Linux 系统中经常使用的一种服务,NFS 是一个 RPC Service,很像 Windows 中的文件共享服务。它的设计是为了在不同的系统间使用,所以它的通信协议设计与主机及作业系统无关。它通过客户/服务器关系提供服务,服务器将自己的文件系统、目录和其他资源开放给客户机进行存取,当客户机安装了服务器提供共享的文件系统后,就可以存取服务器上的文件,从而方便地实现信息共享。当使用者想用远端档案时只要用 mount 命令就可把 remote 档案系统挂接在自己的档案系统之下,使得远端的档案在使用上和本地的档案没有两样。

在 NFS 服务中,主机(Servers)是被挂载(mount)端,为了远端客户机(Clients)可以访问主机的文件,需要主机配置两方面内容:打开 NFS 服务,允许"指定用户"使用。NFS 配置过程如下:

(1) 打开主机的 NFS 服务可以使用命令:

```
Setup <Enter>
```

(2) 选择 System services 选项,将 nfs 项选中(出现[*]表示选中),并去掉 ipchaians 和 iptables 两项服务(即去掉它们前面的 * 号),然后退出。

(3) "指定用户"是通过编辑文件 exports,输入如下命令:

```
vi /etc/exports <Enter>
```

在 exports 文件中加入:"/ (rw, insecure, no_root_squash, no_all_squash)",如图 19-9 所示。然后按 Esc 键并且再输入"wq<Enter>",存储文件 exports 并退出。

(4) 输入以下命令重新启动服务使设置生效,如图 19-10 所示。

```
/etc/rc.d/init.d/nfs restart <Enter>
```

至此,NFS 服务已配置好,可以使用了。

5. 编写应用程序

(1) 打开计算机电源,进入 Linux 操作系统。

(2) 按照前面的介绍,正确连接计算机与实验箱的连接线,其中包括串口线、交叉网线等。

(3) 将 SW1 拨至 Nor Boot 位置,SW4 拨至 Intel Flash Boot 位置。

(4) 在 PC 上选择打开一个终端(Terminal),如图 19-11 所示。

(5) 打开终端窗口,如图 19-12 所示。

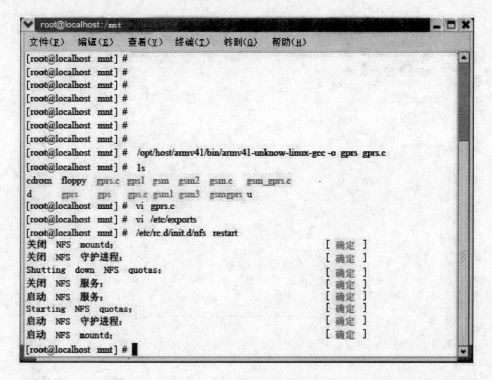

图 19-9 配置 NFS 服务

图 19-10 启动 NFS 服务

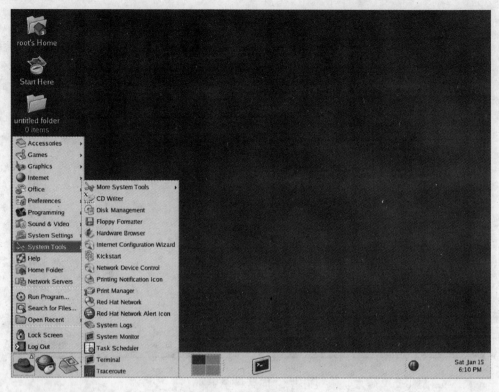

图 19-11　选择 Terminal

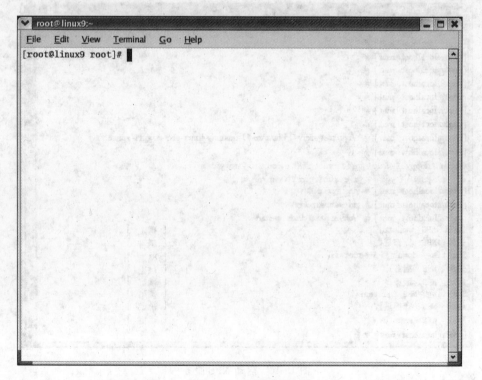

图 19-12　终端窗口

（6）输入命令 minicom

minicom 程序应该在以前的步骤中已经设置过了，设置为 115200 波特率、8 位数据位、1 位停止位、无流控。启动 minicom 后的界面如图 19-13 所示。

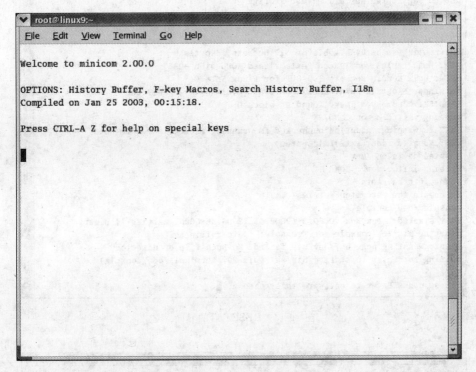

图 19-13　启动 minicom

（7）打开实验箱电源，按实验箱上的 RESET 键，在 minicom 中会弹出如图 19-14 所示界面。

（8）按 Enter 键进入提示符状态，如图 19-15 所示。

（9）输入以下命令：

ifconfig eth0 192.168.0.100 < Enter >
mount － t nfs － o nolock 192.168.0.10:/nfs /mnt < Enter >

（等待重新出现提示符后，再输入）如果此处出现问题，请检查主机 NFS 服务配置和网络的连接（注意，使用 100M 网络的接口）。接着输入以下命令：

cd /mnt < Enter >

运行界面如图 19-16 所示。

（10）在宿主机上打开另外一个终端，并输入如下命令，进入/nfs 目录：

cd /nfs < Enter >

接着输入下面的命令，以编辑一个 C 源文件，如图 19-17 所示。

vi HelloWorld.c < Enter >

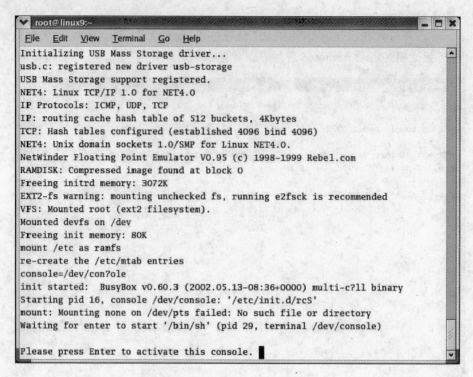

图 19-14　RESET 后的界面

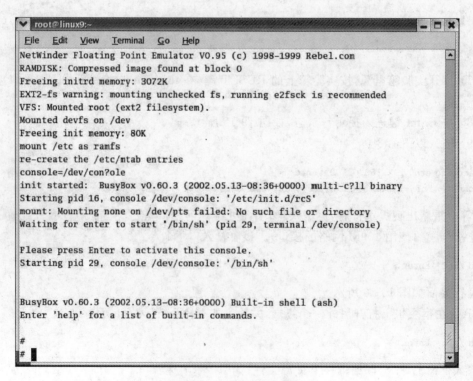

图 19-15　提示符状态界面

```
root@linux9:~
File  Edit  View  Terminal  Go  Help
VFS: Mounted root (ext2 filesystem).
Mounted devfs on /dev
Freeing init memory: 80K
mount /etc as ramfs
re-create the /etc/mtab entries
console=/dev/con?ole
init started:  BusyBox v0.60.3 (2002.05.13-08:36+0000) multi-c?ll binary
Starting pid 16, console /dev/console: '/etc/init.d/rcS'
mount: Mounting none on /dev/pts failed: No such file or directory
Waiting for enter to start '/bin/sh' (pid 29, terminal /dev/console)

Please press Enter to activate this console.
Starting pid 29, console /dev/console: '/bin/sh'


BusyBox v0.60.3 (2002.05.13-08:36+0000) Built-in shell (ash)
Enter 'help' for a list of built-in commands.


#
# ifconfig eth0 192.168.0.100
# mount -t nfs -o nolock 192.168.0.10:/nfs /mnt
#
# cd /mnt
#
```

图 19-16 输入命令

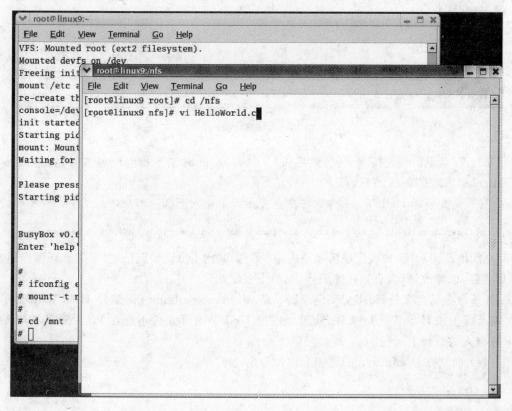

图 19-17 输入 vi 命令

此时会显示一个空白的 vi 界面。该 vi 命令的含义是,使用 vi 编辑器,对一个名叫 HelloWorld.c 的文件进行编辑,打开的空白窗口是对文件进行编辑的窗口。就像在 Windows 系统下面使用写字板一样(关于 vi 编辑器的使用方法可以参阅其他资料)。

(11) 在 vi 界面中先输入 I,左下角会变成"—INSERT—"模式,这时即可将程序输入,如图 19-18 所示。

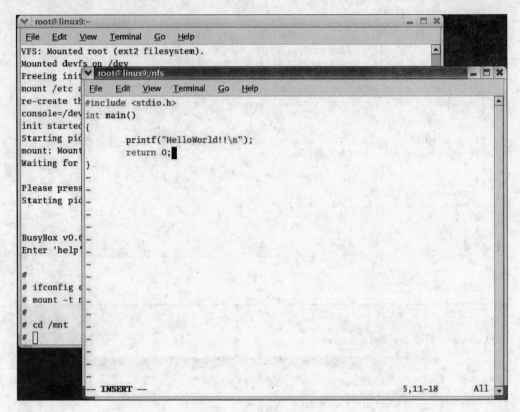

图 19-18   编辑.c 文件

(12) 存盘退出。先按 Esc 键,然后按":"(冒号)此时左下角会出现冒号,再输入"wq <Enter>",如图 19-19 所示。

(13) 交叉编译 HelloWorld.c。在命令提示符下输入下面一串命令:

/opt/host/armv4l/bin/armv4l – unknown – linux – gcc-o HelloWorld HelloWorld.c <Enter>

等到再次出现提示符,代表程序已经正确编译。如果此步出现错误信息,需要重新编辑原来的 C 文件,以修改错误,直到正确编译,如图 19-20 所示。

该条命令的含义是,调用交叉编译器 armv4l-unknown-linux-gcc 编译 HelloWorld.c 文件,编译后生成 HelloWorld 文件,此时生成的 HelloWorld 文件不能在 PC 上运行,只能在 ARM 嵌入式系统上运行。

(14) 回到打开 minicom 的终端上输入命令:

ls <Enter>

此时会看到在/mnt 目录下有 HelloWorld 和 HelloWorld.c 两个文件,如图 19-21 所示。

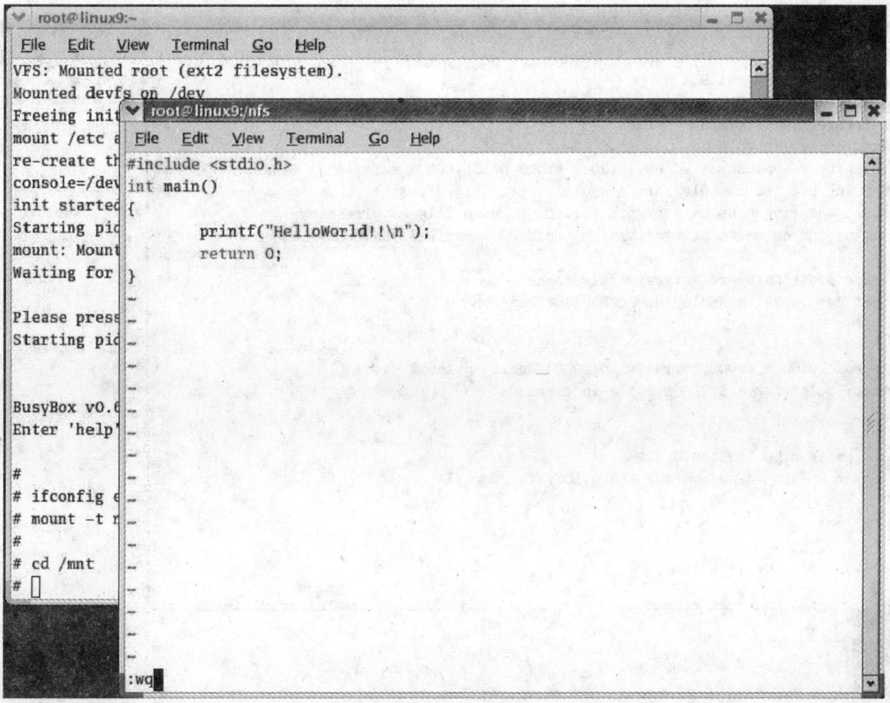

图 19-19　存盘退出

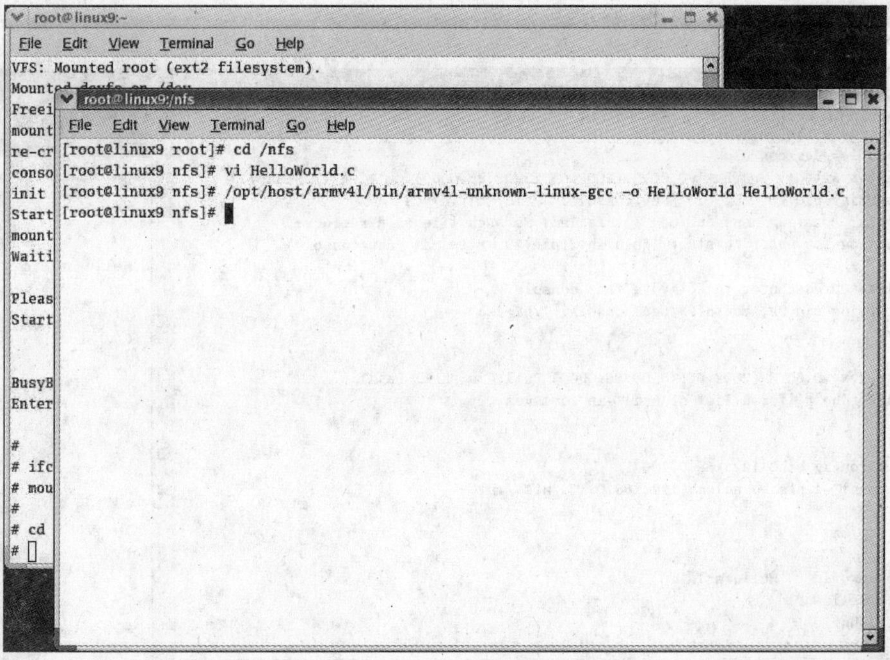

图 19-20　输入交叉编译命令

接下来,输入下面的命令,以运行程序:

　　./HelloWorld＜Enter＞

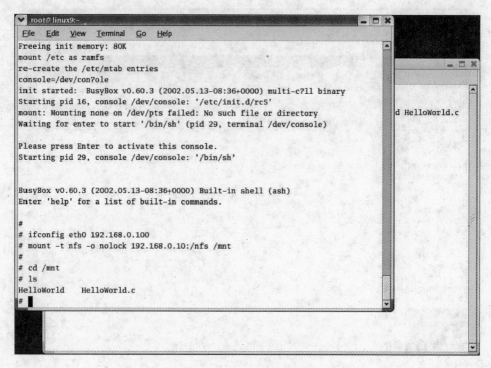

图 19-21　显示/mnt 目录下的文件

程序运行结果如图 19-22 所示。

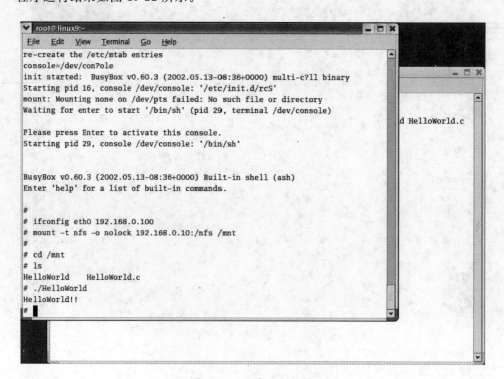

图 19-22　程序运行结果

19.6　思考题

（1）简述配置 minicom 的方法。

（2）简述配置 NFS 服务的方法。

（3）简述嵌入式系统应用软件开发步骤。

19.7　实验报告内容及要求

实验报告内容应包括实验目的、实验内容、实验设备、实验步骤以及心得体会，并按要求回答上面的思考题。

实验 20

嵌入式系统综合设计实验

20.1 实验目的

(1) 掌握 GPS 基本概念。
(2) 学会编写在 Linux 操作系统下接收 GPS 模块信息的应用程序。

20.2 实验内容

应用 ARM9-2410 嵌入式实验系统和 GPS 扩展模块,在 Linux 环境下,编写接收 GPS 模块信息的应用程序,实现接收和解析 GPS 信息的功能。

20.3 实验所用仪表及设备

(1) 硬件:ARM9-2410 嵌入式实验系统,PC 一台。
(2) 软件:redhat Linux 9.0 操作系统。

20.4 实验原理

1. GPS 简介

GPS 的英文全名是 Navigation Satellite Timing And Ranging / Global Position System,其意为卫星测时测距导航/全球定位系统,缩写为 NAVSTAR/GPS,简称 GPS 系统。该系统是以卫星为基础的无线电导航定位系统。它是美国继阿波罗登月飞船和航天飞机以后第三大航天工程,是在子午仪卫星系统的基础上发展起来的,这个系统从 20 世纪 70 年代开始研制,历时 20 年,耗资 200 亿美元,于 1994 年全面建成。

GPS 全球卫星定位导航系统起初只用于军事目的,现在也广泛应用于商业和科学研究上。它具有全能性(海洋、陆地、航空和航天)、全球性、全天候、连续性和实时性的导航、定位、定时的功能。能为各类用户提供精密的三维位置、三维速度,并给出精确的卫星时间基准,因此被认为是当前定位导航授时设备中最重要的发展。

GPS 系统包括以下 3 大部分。

- 空间部分：GPS 卫星星座。
- 地面控制部分：地面监控系统。
- 用户设备部分：GPS 信号接收机。

GPS 系统由 24 颗卫星组成，这些卫星分布在互成 120°的轨道平面上，每个轨道平面平均分布 8 颗卫星，如图 20-1 所示。24 颗 GPS 卫星在离地面 12000km 的高空上，以 12 小时的周期环绕地球运行，使得在任意时刻，在地面上的任意一点都可以同时观测到 4 颗以上的卫星。

卫星不间断地发送自身的星历参数和时间信息，用户接收到这些信息后，经过计算求出接收机的三维位置、三维方向以及运动速度和时间信息。由于卫星的位置精确可知，在 GPS 观测中，可得到卫星到接收机的距离，利用三维坐标中的距离公式，利用 3 颗卫星，就可以组成 3 个方程式，解出观测点的位置（X、Y、Z）。考虑到卫星的时钟与接收机时钟之间的误差，实际上有 4 个未知数，X、Y、Z 和钟差，因而需要引入第 4 颗卫星，如图 20-2 所示。4 颗卫星可列出 4 个方程式进行求解，分别如式（20-1）~式（20-4）所示，从而得到观测点的经纬度和高度。

图 20-1　GPS 卫星分布

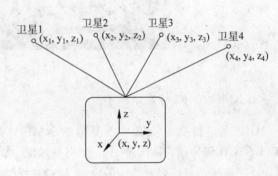

图 20-2　GPS 原理图

$$\sqrt{(x_1-x)^2+(y_1-y)^2+(z_1-z)^2}+c(v_{t_1}-v_{t_0})=d_1 \tag{20-1}$$

$$\sqrt{(x_2-x)^2+(y_2-y)^2+(z_2-z)^2}+c(v_{t_2}-v_{t_0})=d_2 \tag{20-2}$$

$$\sqrt{(x_3-x)^2+(y_3-y)^2+(z_3-z)^2}+c(v_{t_3}-v_{t_0})=d_3 \tag{20-3}$$

$$\sqrt{(x_4-x)^2+(y_4-y)^2+(z_4-z)^2}+c(v_{t_4}-v_{t_0})=d_4 \tag{20-4}$$

上述四个方程式中待测点坐标 x、y、z 和 v_{t_0} 为未知参数，其中：

$$d_i=c\Delta t_i \quad (i=1,2,3,4)$$

$d_i(i=1,2,3,4)$ 分别为卫星 1、卫星 2、卫星 3、卫星 4 到接收机之间的距离；$\Delta t_i(i=1,2,3,4)$ 分别为卫星 1、卫星 2、卫星 3、卫星 4 的信号到达接收机所经历的时间；c 为 GPS 信号的传播速度（即光速）。

四个方程式中各个参数意义如下：

x,y,z 为待测点坐标的空间直角坐标；$x_i,y_i,z_i(i=1,2,3,4)$ 分别为卫星 1、卫星 2、卫星 3、卫星 4 在 t 时刻的空间直角坐标，可由卫星导航电文求得；$v_{t_i}(i=1,2,3,4)$ 分别为卫星 1、卫星 2、卫星 3、卫星 4 的卫星钟的钟差,由卫星星历提供;v_{t_0} 为接收机的钟差。

由以上四个方程即可解算出待测点的坐标 x、y、z 和接收机的钟差 v_{t_0}。

2. GPS 模块

目前市场上的 GPS 模块有很多,本实验采用的是我国台湾地区的 HIMARK 公司的 GPS 模块。此模块是符合民用标准的 GPS 接收器,信号接收性能好,功耗较小,整体工作比较稳定。GPS 模块实物如图 20-3 所示。

图 20-3　GPS 模块实物图

3. NMEA 0183 标准

GPS 的通信接口协议采用美国的 NMEA(National Marine Electronics Association) 0183 ASCII 码协议,NMEA 0183 是一种航海、海运方面有关于数字信号传递的标准,此标准定义了电子信号所需要的传输协议、传输数据时间。下面描述了其数据帧的格式定义,包括波特率选择、秒脉冲输出、RTCM 定义输出。这里只介绍本实验要用的位置信息〈GGA〉语句。

$ GPGGA,031736.594,3957.1451,N,11618.8424,E,1,05,1.7,111.4,M,−8.8,M, ,＊48

GGA 信息格式如表 20-1 所示。

表 20-1　GGA 信息格式说明

名　称	数　值	单位	说　明
信息代码	$ GPGGA		GGA 信息前引
标准定位时间 UTC Time	031736.594		时时分分秒秒.秒秒秒(hhmmss.sss)
纬度	3957.1451		度度秒秒.秒秒秒秒(ddmm.mmmm)
南/北纬	N		N:北纬 S:南纬
经度	11618.8424		度度度秒秒.秒秒秒秒(dddmm.mmmm)
东/西经	E		E:东经 W:西经
定位代码	1		0:未定位;1:非差分定位;2:差分定位;6:正在估算
使用中的卫星数	05		范围:0～12

续表

名　　称	数　值	单位	说　　明
水平稀释精度	1.7		水平稀释精度,0.5 至 99.9 米
海拔高度	111.4	公尺	
单位	M	公尺	
地表平均高度	−8.8	公尺	
单位	M	公尺	
偏差修正使用期间		秒	如果不是差分定位将为空
偏差修正,基地台代码			如果不是差分定位将为空
总合检查码	*48		
<CR> <LF>			结束

　　GPS 显示的时间是格林尼治时间,北京时间＝格林尼治时间＋8 小时。读上例中的数据 031736.594,其中 03 代表时,17 代表分,36.594 代表秒,那么北京时间为 11 点 17 分 36 秒。

　　经度、纬度读出为北纬 3957.1451,东经 11618.8424,通过电子地图可以查到具体位置。

20.5　实验步骤

1. 硬件连接

(1) ARM9-2410 嵌入式实验系统与主机的连接

① 将 GPS 扩展板插入 ARM9-2410 嵌入式实验平台(以下简称实验平台)扩展槽。

② 扩展板安装 GPS 天线。注意 GPS 天线最好放置到空旷的室外。如果天线放置在室内,或屏蔽较大的地方,卫星信号会很弱,有可能导致接收不到信号,无法定位。

③ 主机通过串口与 ARM9-2410 嵌入式实验系统最右边的串口 0 连接,如图 20-4 所示。

图 20-4　串口连接

④ 用交叉网线连接 PC 主机与实验平台,实验箱上要使用 100M 网口,如图 20-5 所示。

图 20-5　使用 100M 网口连接

(2) 实验平台与 GPS 扩展板上开关选择

① 开发板上的开关 SW1 拨至 Nor Boot 位置,SW4 拨至 Intel Flash Boot 位置,SW6＝SW2,SW2＝EXS2。

② 扩展板上开关 S2＝GPS_SA。

2. 启动 Linux 并运行程序

(1) 启动 Linux

① 主机进入 Linux,打开 minicom。设置波特率 115200、8 位数据、1 位停止位、无校验、无流控。

② 开发板设置为从 Intel Flash 启动,给实验箱加电,在主机 minicom 中可以看到实验板启动 Linux 过程,使用 Enter 进入命令行格式。

③ 为确保主机与实验板的连接,需要配置主机与实验板的 IP 地址,方法如下:

在 PC 主机终端输入下面的命令:

```
ifconfig eth0 192.168.2.10 <Enter>                    /*设置主机 IP*/
```

在嵌入式实验平台终端上输入如下命令:

```
ifconfig eth0 192.168.2.120 <Enter>                   /*设置嵌入式 IP*/
```

可以直接输入 ifconfig 查看 IP,如图 20-6 所示。

④ 验证网络连接。

在嵌入式实验平台终端输入如下命令:

```
mount 192.168.2.10:/ /mnt <Enter>
```

若出现"＃"表明连接正常,否则需要检查主机 NFS 服务配置和网络的连接。

(2) 编辑编译文件

① 在主机的 vi 编辑器输入如下命令:

```
vi gps.c <Enter>                                      /*编辑 gps.c 文件*/
```

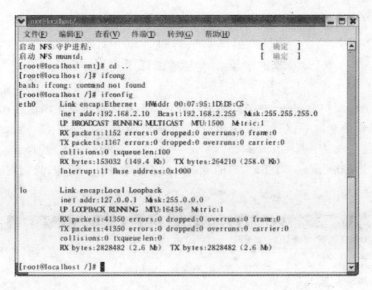

图 20-6　查看 IP 设置

可以在空白窗口对文件进行编辑，就像在 Windows 系统下面使用写字板一样，操作界面如图 20-7 所示。

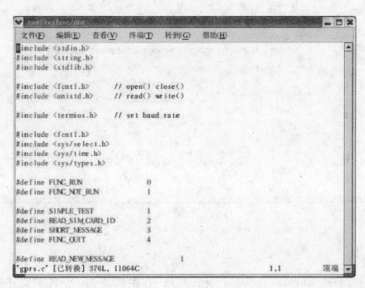

图 20-7　vi 编辑器操作界面

② 在 vi 编辑器里，输入 i 然后在左下角会变成"—INSERT—"模式，这时可以将程序输入。

③ 最后一般是存盘退出，先按 Esc 键，然后按"："（冒号），此时左下角会出现冒号，然后输入"wq <Enter>"。

④ 交叉编译 gps.c 文件。

在 PC 主机终端输入下面一串命令：

/opt/host/armv4l/bin/armv4l - unknown - linux - gcc -o gps gps.c < Enter >

输入此命令是利用 gcc 编译器编译 C 语言程序,gcc(GNU Compiler Collection),是 GNU 项目中符合 ANSI C 标准的编译系统,能够编译用 C、C++和 Object C 等语言编写的程序。

等到再次出现提示符,代表程序已经正确编译。如果此步出现错误信息,需要查看错误信息,并重新编辑原来的 C 文件修改错误,直到正确编译。

此条命令的含义是:调用交叉编译器 armv4l-unknown-linux-gcc 编译 gps.c 文件,以生成 gps 文件(如图 20-8 所示),此时生成的 gps 文件不能在 PC 上运行,只能在 ARM 嵌入式系统上运行。

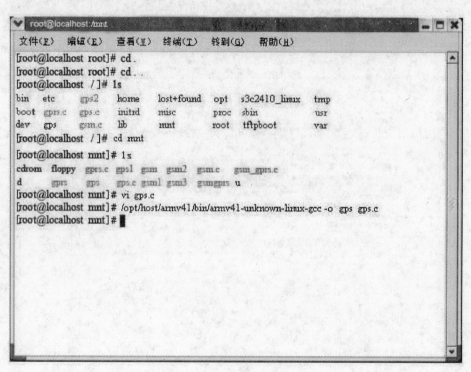

图 20-8　交叉编译 gps.c 文件

(3) 运行程序

经过交叉编译,在 minicom 终端运行 gps 程序,在生成的 gps 文件的文件夹目录下输入下面命令:

./gps < Enter >

运行 gps 程序,弹出程序运行选择界面如图 20-9 所示。

选择"2"则退出程序。

若选择"1"则运行 GPS 接收程序,终端上将显示 GPS 接受的数据信息,如图 20-10 所示。

图 20-9 运行 GPS 程序 图 20-10 GPS 接收数据

20.6 思考题

（1）简述 GPS 基本原理。
（2）画出接收 GPS 模块信息应用程序的流程图。

20.7 实验报告内容及要求

实验报告内容应包括实验目的、实验内容、实验设备、设计步骤以及心得体会，并按要求回答上面的思考题。

相关课程教材推荐

以上教材样书可以免费赠送给授课教师,如果需要,请发电子邮件与我们联系。

教学资源支持

敬爱的教师:

感谢您一直以来对清华版计算机教材的支持和爱护。为了配合本课程的教学需要,本教材配有配套的电子教案(素材),有需求的教师可以与我们联系,我们将向使用本教材进行教学的教师免费赠送电子教案(素材),希望有助于教学活动的开展。

相关信息请拨打电话 010-62770175-4505 或发送电子邮件至 liangying@tup.tsinghua.edu.cn 咨询,也可以到清华大学出版社主页(http://www.tup.com.cn 或 http://www.tup.tsinghua.edu.cn)上查询和下载。

如果您在使用本教材的过程中遇到了什么问题,或者有相关教材出版计划,也请您发邮件或来信告诉我们,以便我们更好为您服务。

地址:北京市海淀区双清路学研大厦 A-708　　　计算机与信息分社 梁颖　收

邮编:100084　　　　　　　　　　　电子邮件:liangying@tup.tsinghua.edu.cn

电话:010-62770175-4505　　　　　　邮购电话:010-62786544